果树营养诊断与病虫害防治

王润珍　翟立普　侯慧锋　主编

U0219582

中国农业大学出版社
·北京·

内 容 简 介

本书内容包括果树营养失调诊断和病虫害防治两部分。果树营养失调诊断部分系统介绍了果树生长发育必需营养元素的生理功能和营养元素失调引起的生理性病害的主要特征及防治措施,是对果树营养元素失调诊断一次比较全面的梳理和总结;果树病虫害防治部分讲述了病虫害基础知识、病虫害发生特点、发生规律和综合诊断及防治措施。为了增强本书的实用价值,本书还对近年来农民在生产过程中遇见的诸多实际问题一一解答,希望能对读者朋友有所帮助。

本书是一本实用性较强的农业书籍,既适合农业技术人员和广大果农阅读,还可供农业科研工作者和教师参考用书。

图书在版编目(CIP)数据

果树营养诊断与病虫害防治/王润珍,翟立普,侯慧锋主编. —北京:中国农业大学出版社,2012.2
ISBN 978-7-5655-0452-5

Ⅰ.①果… Ⅱ.①王…②翟…③侯… Ⅲ.①果树-植物营养-诊断②果树-病虫害防治 Ⅳ.①S660.6②S436.6

中国版本图书馆 CIP 数据核字(2011)第 251948 号

书　　名	果树营养诊断与病虫害防治
作　　者	王润珍　翟立普　侯慧锋　主编

策划编辑	姚慧敏	责任编辑	李丽君
封面设计	郑　川	责任校对	陈　莹　王晓凤
出版发行	中国农业大学出版社		
社　　址	北京市海淀区圆明园西路 2 号	邮政编码	100193
电　　话	发行部 010-62731190,2620	读者服务部	010-62732336
	编辑部 010-62732617,2618	出 版 部	010-62733440
网　　址	http://www.cau.edu.cn/caup	e-mail	cbsszs@cau.edu.cn
经　　销	新华书店		
印　　刷	北京时代华都印刷有限公司		
版　　次	2012 年 2 月第 1 版　2013 年 1 月第 2 次印刷		
规　　格	850×1168　32 开本　8.375 印张　207 千字		
定　　价	15.00 元		

图书如有质量问题本社发行部负责调换

编审人员

主　编　王润珍　辽宁农业职业技术学院

　　　　翟立普　辽宁农业职业技术学院

　　　　侯慧锋　辽宁农业职业技术学院

副主编　曹彦清　山西省农业科学院果树研究所

　　　　王世文　辽宁营口开发区农业中心

　　　　刘巍巍　辽宁农业职业技术学院

　　　　王海荣　辽宁农业职业技术学院

参　编　阎福军　塔里木大学

　　　　范瑛阁　塔里木大学

　　　　费云丽　大连市农村经济委员会

　　　　孙　斌　辽宁省果树科学研究所

　　　　赵　鑫　辽宁营口开发区农业中心

主　审　朱桂清　沈阳农业大学

前　言

　　果树大多是多年生木本作物,具有高大的树体、发达的根系,每年要从土壤中选择性吸收大量的营养元素,如果营养供应不足,很容易造成土壤中某些养分的亏缺,加上近些年有机肥用量锐减和氮、磷、钾化肥施用比例失调,使果园土壤养分平衡状况日趋恶化,以致果树营养失调障碍日趋普遍,生理性病害时有发生。而病虫害是造成果园每年损失的最主要原因,因此针对如何正确认识和诊断果树病虫害,并能合理进行综合治理就显得非常重要。作为北方农业院校的科研工作者,在长期的教学和科研工作中,作者切身感到有必要对北方果树的营养失调状况和病虫害防治等方面的知识进行梳理,形成比较全面地反映北方果树营养诊断与病虫害防治的实用农业书籍。衷心希望本书能对果树生产一线人员有所帮助,同时本书也可以作为农业科研人员的教学及研究用书。

　　本书在编写过程中着重强调实用性和可操作性,全面系统地介绍了北方果树必需营养元素失调症状和常见病虫害防治技术,在具体操作时,可以根据当地情况作适当调整。

　　本书由辽宁农业职业技术学院王润珍、翟立普和侯慧锋担任主编;山西省农业科学院果树研究所曹彦清、辽宁营口开发区农业中心王世文、辽宁农业职业技术学院刘巍巍和王海荣担任副主编;塔里木大学阎福军和范瑛阁,大连市农村经济委员会费云丽,辽宁省果树科学研究所孙斌和辽宁营口开发区农业中心赵鑫参编。

　　本书由沈阳农业大学朱桂清老师主审。

编　者

2012 年 2 月

目　录

第一部分　农民朋友常见问题

一、有关果树营养方面的问题

1. 山东孙某来电咨询：苹果树缺锌有哪些症状？

答：苹果树缺锌主要表现在新梢和叶片上，而树冠外围的顶梢表现最为明显。病枝常表现为发芽晚、叶片狭小而细长、叶缘向上卷、质硬而脆、叶色淡黄绿色或浓淡不匀、病枝节间缩短。由于病梢生长停滞，病梢下部可发新梢，但仍表现出相同症状。病枝上不易成花，即使有，也会花小，色淡，不易坐果；即使坐果，也表现为果小、畸形。发病树叶片稀疏，产量很低。

2. 山东孙某又咨询：什么原因造成苹果树缺锌？

答：果树缺锌症的发生与多种因素有关：

①沙土果园土壤瘠薄，锌含量低；或土壤透水性好，因灌水过多而造成可溶性锌流失。

②氮肥施用量过多，造成对锌需求量增加。

③盐碱地锌易被固定，不能被果树根系吸收。

④土壤黏重，活土层浅，果树根系发育不良。

⑤重茬果园或苗圃地栽植苹果树易发生缺锌病。

增施有机肥、改良土壤、降低土壤的碱性是防治缺锌病的根本措施，同时再补充适量锌肥，可取得理想的防治效果。

3. 河北一农民来电咨询：苹果和梨缺硼的症状有何不同？

答：苹果缺硼：早春或夏季，顶部小枝回缩干枯，产生丛状枝，节间变短,叶片缩短、变厚、易碎,叶缘平滑而无锯齿。果实畸形易裂果,出现坏死斑块或全果木栓化。成熟果实呈褐色,有明显的苦味。

梨缺硼:小枝顶端枯死,叶片稀疏,受害小枝的叶片变黑而不脱落。新梢从顶端枯死,并逐步回缩干枯,顶梢形成簇状,开花不良,坐果差。果实表面裂果并有疙瘩,果肉坚而硬,萼凹末端经常有石细胞。果实香味差,常未成熟即变黄。树皮出现溃烂。

4. 河北农民又咨询:葡萄和桃缺硼有哪些症状?

答:葡萄缺硼:幼叶呈黄色或失绿。顶端卷须产生褐色的水浸区域。生长点坏死,顶端附近发出许多小的侧枝。节间特别短,枝条变脆。叶边缘和叶脉开始失绿和坏死。幼叶畸形,叶肉皱缩。

桃缺硼:小枝顶枯,随之落叶,出现许多侧枝,叶片小而厚,畸形且脆。

当果树发生缺硼症状时,可用 $0.1\%\sim0.2\%$ 的硼砂溶液叶面喷施或灌根,最佳时期是果树开花前 3 周。施肥后,注意观察后效,以防产生肥害。

5. 河南一农民技术员来电咨询:果树缺钾有哪些症状?

答:缺钾多表现在老叶上。缺钾严重时,叶片生长不正常,呈浅黄绿色,老叶叶缘失绿,向上反卷。细脉间叶肉组织往往隆起,叶缘破碎,易落叶,常造成减产。缺钾时,花腐病的发病率高,可达 36%。在生产实践中,应适时施用钾肥,以满足果树生长发育对钾的需求。

6. 河南农民技术员又咨询:果树缺钙有哪些症状?

答:果树缺钙多表现在当年发出的成熟新叶上。首先是基部叶脉颜色变得暗淡,甚至坏死,并逐渐扩展形成坏死组织块,叶片质脆,干枯脱落,枝梢死亡。钙过度缺乏时,根端死亡。补钙有利于果实储藏,但应注意在秋施基肥时适时施入。

7. 辽宁一农民技术员咨询:果树缺铁有哪些症状?

答:果树缺铁多表现在嫩梢、嫩叶上。叶片变薄,脉间失绿,变成淡绿色至黄白色,早期叶脉绿色。严重时,大多数叶片均变为橘黄色以至黄白色,易脱落,结果少。苗圃缺铁时,幼苗黄化,生长极为缓慢。缺铁原因很复杂,有的是因土壤缺铁或 pH 值高而致使铁素难以有效释放;有的因渍水烂根,降低了对铁素的吸收能力。土壤 pH 值高于 7.5 的地区栽培时需特别注意。矫正时应根据实际情况采取相应技术措施,但治本的方法是改土培肥。成龄树园可结合秋施基肥,大量施入有机肥混加少量硫酸亚铁。应急时可用硫酸亚铁 350 倍液喷布病株,以利恢复。

8. 辽宁农民技术员又咨询:果树缺镁有哪些症状?

答:果树缺镁多在生长的中、晚期的成熟叶片上表现症状,叶肉呈淡黄绿色,叶缘褪色,并向叶中心侧脉扩展,叶基部仍维持绿色,有时叶缘褪绿不明显。严重时失绿,组织坏死,并与叶缘平行而呈马蹄形。叶片干物质中镁含量降为 0.1% 时,即出现缺镁症状,可喷布 0.1%～1.0% 硫酸镁溶液来矫治。

9. 辽宁农民技术员再咨询:果树缺硫有哪些症状?

答:果树缺硫初期症状为幼叶边缘呈淡绿色或黄色,逐渐扩大,仅在主、侧脉结合处保持一块呈楔形的绿色,最后幼嫩叶全面失绿。叶片干物质硫的含量保持在 0.25%～0.45% 较合适,低于 0.18% 就会出现受害症状。这种症状发生率很低,大多数硫酸铵等肥料中已含有足够的硫元素。

10. 辽宁农民技术员还咨询:果树缺锰有哪些症状?

答:果树缺锰,在生长中期营养枝上成熟叶片出现受害症状。此时,新成熟叶缘失绿,侧脉进而主脉附近失绿,小叶脉间的组织向上隆起,最后仅叶脉保持绿色。锰失调常见于 pH 值高于 6.8 的土壤或者石灰过多的土壤。用碾得很细的硫黄、硫酸铝或硫酸铵补充,使之能吸收利用。

二、有关核果类果树病虫害方面的问题

11. 辽宁大连庄河杨某来电咨询:他有 20 亩地桃树,流胶很严重,想知道这是什么原因引起的,如何进行防治?

答:根据所述症状诊断,这是桃的流胶病。流胶病主要危害主干,也有一年生嫩枝发病的现象。引起流胶的原因很复杂,长期以来多数人认为是生理性流胶,如冻害、病虫伤,施肥不当,修剪过重,树体结果过多,土壤黏重,长期干旱后突降暴雨等都能引起流胶。

防治方法:

①壮树抗病　加强栽培管理,增强树势,提高抗病能力。

②防冻、防虫、防涝。

③在树干上用刀轻轻切刮一纵向条,可减轻树体流胶。

④于春季刮治枝干病斑,涂抹 5 波美度石硫合剂。夏季流胶时及时刮去胶体(最好在雨后刮胶,否则很硬,刮不掉),并用熟石灰涂抹伤口。

12. 辽宁营口鲅鱼圈刘某咨询:他家 6 亩桃树的叶片上出现褐色水渍状小斑点,病斑干枯脱落后产生穿孔,他想知道这是什么病,如何进行防治?

答:根据所述症状初步诊断,这是桃树的穿孔病。此病在叶片上先产生褐色水渍状小斑点,病斑扩大后成为紫褐色病斑,圆形或不规则形,直径 2 mm 左右。病斑周围有水渍状黄绿色晕圈,最后病斑干枯脱落穿孔(桃树的穿孔病由真菌或细菌引致)。

防治方法：

①清除落叶、深埋。

②发芽前喷 4～5 波美度石硫合剂或 1∶1∶（100～200）波尔多液。

③真菌性穿孔病　落花后喷 70％甲基托布津 800～1 000 倍液，或 80％大生 600 倍液，65％代森锌 500 倍液，20.67％万兴 2 000～2 500 倍液。

④细菌性穿孔病　用锌铜石灰液，或 40％代森铵 1 000 倍液，或硫酸链霉素常规用量。

13. 辽宁营口田某来电咨询：她家桃园里桃红颈天牛危害严重，怎么办？

答：桃红颈天牛又叫大头哈虫，以幼虫蛀食树干及大枝，深达木质部中心，蛀孔外堆积大量木屑状虫粪，引起流胶，造成树势衰弱，严重时导致大枝死亡。

防治方法：

①在成虫发生盛期，利用成虫的假死性雨后人工捕杀。

②向排粪孔塞入药棉球（敌敌畏 100 倍液），或用注射器，将针头拔掉，用针管将敌敌畏 5 倍液注入虫孔，然后用黄泥堵塞排粪孔，防止药液流出。

③在成虫发生盛期向主干、主枝基部喷药 2～3 次。成虫 7～8 月发生最多，喷布菊酯类杀虫剂，可杀成虫和树皮缝中的卵。

④幼虫蛀入初期可用铁丝钩虫。

14. 山东杨某来电咨询：桃园里的桑白蚧危害严重，如何防治？

答：桑白蚧以受精雌虫于枝条上越冬，芽萌动时开始活动危害。5 月中下旬产卵，卵期 9～15 天，6 月上中旬开始孵化为若虫，这是防治的关键时期。

防治方法：

①发芽前喷 90％机油乳剂 100～200 倍液，对红蜘蛛、介卷虫兼治。

②根据测报，在孵化率达到 50％时喷第一次药，再过 5～6 天喷第二次药，此时孵化率在 90％以上。孵化后 4～5 天即分泌蜡质。

药剂：28％蚧宝 1 000 倍液（蚧宝为杀扑磷改进型产品，具有触杀、胃毒和渗透三种作用，添加有高效内渗剂、溶蜡剂、扩展剂等成分，对多种作物上的介壳虫有显著的防效。蚧宝的杀虫特点：具有强烈渗透作用，可以透过叶面渗透到叶背杀死害虫，杀蚧杀虫效果独特；通过破坏害虫中枢神经和抑制害虫体壁合成两种方式，致其死亡。蚧宝对成蚧、幼蚧均有良好效果，但在开花前若虫盛发期施药，会达到更佳防治效果，且用药量少，节省用药成本；蚧宝稀释倍数为 1 000 倍，对成蚧的防治可适当加大使用剂量；要做到均匀喷雾，使全树都能受药；不要和强碱性农药如波尔多液、石硫合剂等一起混用。）

其他药剂：50％乐斯本 1 000～1 500 倍液，40％杀扑磷（速扑杀、速蚧克）1 500 倍液等。

15. 大连金州区学员张某咨询：桃子长到鸡蛋大小时产生黑褐点并逐渐扩大，出现疮痂并流胶，这是什么病，怎样防治？

答：根据所述症状初步诊断，这可能是桃细菌性穿孔病在果实上的表现。桃细菌性穿孔病主要危害叶片，也可能危害果实和枝梢。果实发病初期，果面上为褐色水渍状小圆点，中央稍凹陷，病部变为暗紫色。湿度大时，病斑上有黄白色黏质分泌物（细菌菌脓），严重时病斑干枯，开裂，腐烂。

防治方法：

①增强树势，提高树体抗病力。增施腐熟的有机肥和磷、钾肥，排除积水。

②清除菌源。及时修剪,清理病叶、病果,统一销毁。

③药剂防治。早春发芽前喷石硫合剂,桃树花后(6 月中旬)连续喷药 3～4 次,间隔期 7～10 天。可选药剂有 72%农用链霉素、90%新植霉素可溶性粉剂等。

16. 大连普兰店佟某来电咨询:李子树打乐果发生药害,致使叶片卷边,如何解决?

答:李子是蔷薇科果树,由于乐果对蔷薇科果树易产生药害,不宜喷施。一旦使用发生药害,可在药后的短期内喷洒 0.2%硼砂液,或用石硫合剂、波尔多液、石灰水溶液中和,使乐果分解,减轻药害。

17. 学员赵某来电咨询:杏树的枝条上全是高粱米粒大小的棕色球状物,密密麻麻,危害严重,这是什么病,怎样有效地防治?

答:根据所述症状初步诊断,不是病害,是虫害,害虫为球坚蚧。球坚蚧为刺吸式口器,能吸食大量汁液,致使树势衰弱,叶黄、早落,枝条枯干,严重时全株枯死。被害杏树枝干上布满的棕色介壳,为虫体蜡质分泌物。防治球坚蚧的关键是一定在若虫孵化初期虫体布满枝条时开始用药,虫体分泌蜡质形成介壳后,药剂很难接触到虫体,当然药效不理想。

防治方法:

①在若虫孵化后形成介壳前喷第一次药,间隔 5 天左右再用一次。可选用 28%蚧宝、10%啉虫啉乳油、45%石硫合剂晶体(或45%晶体石硫合剂)、菊酯类药剂等。

②在落叶或发芽前剪除有虫枝条,或用硬毛刷、钢丝刷刷除越冬成虫,用 3 波美度石硫合剂涂抹有虫枝干。

18. 辽宁葫芦岛建昌岳某来电咨询:400 多亩杏树叶片脱落,叶片发白,没有发现虫子,这是什么病,如何防治?

答:根据所述症状初步诊断,这可能是白粉病。白粉病主要危害新梢、叶片,也危害芽、花及幼果。叶片发病表面形成不规则的退绿斑,叶背布满白粉状物,严重时两面均覆白粉,皱缩,硬脆,变褐干枯。

防治方法:

①消灭菌源。冬、春季剪除病梢,集中烧毁。

②加强栽培管理,增强树势。

③药剂防治。开花前(花芽膨大,鳞片松散时),喷布 1～2 波美度石硫合剂;现蕾期、落花 70% 及花后 15 天左右各喷一次杀菌剂,药剂可选用 15% 三唑酮可湿性粉剂、40% 硫悬浮剂、70% 甲基硫菌灵可湿性粉剂、40% 多菌灵胶悬剂等。施药要均匀周到,并要注意交替轮换使用多种药剂。

19. 山东李某有 10 亩樱桃树,发现樱桃树的根茎部有大小不等、形状各异的根瘤,问这是什么病,如何防治?

答:根据所述症状初步诊断,这是樱桃的根癌病,主要危害樱桃的根部、根茎和茎部,一般是病菌经伤口(虫伤、机械伤、嫁接口等)侵入皮层组织繁殖,刺激细胞分裂,受侵部产生大小不等、形状各异的根瘤,初生根瘤为灰色略带肉色,质软光滑,以后逐渐变硬并木质化,表面不规则,粗糙而后龟裂。

防治方法:

①选用抗病砧木。

②禁止重茬地育苗,及时销毁发病苗木。

③定植前用放射土壤杆菌 K_{84}(抗根癌菌剂一号)1 倍液浸根,有预防效果。

④及时刮治病瘤并用抗根癌菌剂一号 1 倍液浸根或涂抹伤口,1:1 细土撒在根系周围或用生物活性菌"根苗壮"随化肥一起施入根部,数日之后根瘤变软脱掉。

⑤加强肥水管理,增强抗病性,用 2.5% 根复特 500 倍液灌根。

20. 大连旅顺张大爷家今年部分樱桃花果变褐,受害果实表面产生灰褐色霉层,想知道这是什么病,如何防治?

答:根据所述症状初步诊断,可能是樱桃褐腐病。褐腐病可危害花、叶、果、枝等部位,其中以果实受害最严重。在低温高湿时,花果变褐枯萎,表面丛生灰霉,残留枝上不落。侵染花和叶片的常发生流胶,易引起枯死。果实自幼果到成熟都能受害。

防治方法:

①消灭越冬菌源,结合修剪彻底清除树上病果、病枝并集中烧毁;结合果园翻耕,将地面的病果埋入土壤 10 cm 以下。

②发芽前喷 3～5 波美度石硫合剂。

③在初花期,落花后喷 50% 速克灵 1 000 倍液,或 50% 甲霉灵 1 000～1 200 倍液,70% 甲基托布津 800～1 000 倍液,50% 多霉灵 1 000 倍液等药剂,隔 10 天再喷第二次。

④在成熟前 30 天开始喷布 50% 甲霉灵 1 000 倍液,或 50% 扑海因 1 000 倍液。

21. 辽宁朝阳肖某来校咨询:他们村 100 多亩的枣树叶片变为灰黄色,叶片出现绿色小点,呈"花叶"状,叶最后干枯脱落,这病怎么防治?

答:根据所述症状初步诊断,这可能是枣的锈病。枣锈病为枣树重要的流行性病害,常在枣果实膨大期引起大量落叶,枣果皱缩,果肉含糖量大减,枣果多数失去食用价值。重灾年份甚至绝收。病株早期落叶后出现二次发芽,又导致第二年减产,成为红枣生产中亟待解决的一大难题。夏季高温多雨年份常大流行,病症在叶片上发生,初在叶片上散生淡绿色小点,后渐凸起呈暗黄褐色,后呈花叶状,失去光泽,干枯脱落。主要以落叶上的夏孢子越冬,这是第二年最重要的初侵染源。每年发病时期的早晚与发病程度与当年的大气温湿度关系极大。降雨早、连阴天多、空气湿度大时发病早且重,反之则轻,树下间作高秆作物、通风不良的枣园发病早而重,发病先从树冠下部、中部开始,逐渐向冠顶扩展。

防治方法:

①加强栽培管理。枣树行间不宜种高秆作物和瓜菜等经常浇水的作物。

②消灭菌源,春秋清扫落叶,集中销毁。

③根外追肥,喷布 0.5％尿素＋0.3％磷酸二氢钾 2～3 次。

④喷药保护,于 7 月开始施药,施药次数和间隔期视病情发展而定,并要注意交替轮换使用多种药剂。可选用波尔多液、25％三唑酮可湿性粉剂、80％代森锌可湿性粉剂、50％退菌特可湿性粉剂等。

三、有关仁果类果树病虫害方面的问题

22. 某农民咨询:苹果叶片上有一丛丛顶端椭圆形的白色毛状物,这是什么病害,怎样防治?

答:苹果叶片上一丛一丛的白色毛状物不是病害,而是一种天敌昆虫,叫草蛉。草蛉是蚜虫的天敌,俗称"蚜狮"。若果园草蛉多,说明害虫的天敌多,要少打农药,或在草蛉的盛发期不打药,注意保护天敌,以此控制害虫发生。

23. 辽宁熊岳孙某来校咨询:如何防治苹果园里的山楂红蜘蛛?

答:防治方法:

①结合刮苹果树腐烂病,刮除老翘皮,刷杀翘皮下越冬的雌成虫。

②发芽前喷 5 波美度石硫合剂,消灭越冬出蛰的雌成虫。

③在苹果花芽开绽前期,或落花后第一代卵孵化盛期喷药,

消灭第一代幼螨。20%哒螨灵 3 000～4 000 倍液,或 50%螨死净 5 000～6 000 倍液,5%尼索朗 2 000 倍液等多种杀螨剂交替使用。

24. 辽宁大石桥郑某来校咨询:近期发现苹果果面上产生紫褐色湿腐状斑点,并逐渐扩大为近圆形黑褐色病斑,表面明显凹陷并有黑色小点,储藏时易烂,这是什么病害,如何防治?

答:根据所述症状初步诊断,可能是苹果的炭疽病。

防治方法:

①结合冬季修剪剪掉病枝、枯枝,消灭初侵染来源。

②壮树抗病。

③生长季节及时摘除病果,防止再侵染。

④早春结合防治其他果树病虫害喷 5 波美度石硫合剂以及其他铲除剂,降低果园的炭疽病病菌量;在落花后对幼果期进行防治,获得很好的防治效果。喷布 1:2:200 波尔多液保护树体,也可喷 80%炭疽福美可湿性粉剂 600 倍液、75%百菌清可湿性粉剂 600 倍液等多种药剂,为了增加防治效果可以添加一些黏着剂。

25. 山东王某来电咨询:如何利用赤眼蜂防治苹果卷叶蛾,防治要点是什么?

答:当前大量用于生产上的赤眼蜂为松毛虫赤眼蜂,其成虫很小,体长为 0.3～1 mm,其特点是飞行能力和寄生能力都很强。其杀虫机理为以虫治虫,即赤眼蜂成虫把卵产在卷叶蛾的卵中,以吸收营养进行繁殖的方式来消灭卷叶蛾。

应用赤眼蜂防治苹果卷叶蛾的优点:成本低,4 元／亩,每人每天可放 300 亩,防效高达 90%以上;减少打药次数 3～4 次,减少污染,对人畜安全,保护生态环境。除苹果卷叶蛾外,兼治美国白蛾、毛毛虫类和玉米螟等。

操作方法:

①根据测报来确定放蜂时间。

②将蜂卡用牙签(不可以用金属制的大头针等,易扎伤人或牲口等)别在树冠外围叶片背部,每亩果树别 4～6 块蜂卡,保证出蜂量在 2 万头左右:分两次放蜂,第一次放蜂之后相隔 1 周左右放第二次。

③注意避免将蜂卡曝于阳光下或雨淋,放蜂最好选择无风无雨的天气,少用或不用农药,以保证蜂的寄生能力和园中其他天敌的繁衍。

26. 山东张某来电咨询:如何防治苹果锈病?

答:苹果锈病又叫赤星病,是苹果树、梨树的主要病害之一。该病主要危害叶片、新梢和果实。发病严重时叶片背面有黄褐色毛状物,叶早枯,果实味苦、畸形、早落。

防治方法:

①彻底铲除转主寄主。果园 5 000 m 范围内禁止种植桧柏,如有栽植必须砍除或移走。

②早春剪除桧柏上的菌瘿集中烧毁;展叶初期如连续两天遇雨,需喷布 2～3 波美度的石硫合剂 2～3 次,间隔期 10 天左右。

③果树喷药保护。果树展叶后遇雨(4 月中下旬)要立即施药 2～3 次,间隔期 10 天左右,并要注意交替轮换使用多种药剂。可选药剂有 25%三唑酮可湿性粉剂、80%代森锌可湿性粉剂、70%甲基硫菌灵可湿性粉剂等。

27. 沈阳康平一果农来电咨询:寒富苹果果实表面有黑褐色圆点,落叶严重,这是什么原因造成的,如何防治?

答:根据所述症状初步诊断,可能是斑点落叶病。该病主要危害叶片,也可危害嫩梢和果实。降雨多少是此病能否发生的决定性因素。在春季展叶期,降雨多,持续时间长,发病早且重;夏季阴雨连绵,发病急剧加重;树势衰弱、树冠密,地势低洼、排水不良,有利于病害发生。

防治方法:

①加强栽培管理,增强树势。增施有机肥,合理修剪,改善透光条件。

②清理果园落叶,剪除病梢,集中销毁。果树发芽前,结合防治苹果树腐烂病、轮纹病,喷布腐必清。

③药剂防治。5月中下旬到6月上旬,当病叶率达到10%,喷第一次药,以后隔10～15天喷药一次,并要注意交替轮换使用多种药剂。可选用10%多抗霉素可湿性粉剂、80%代森锰锌可湿性粉剂、10%苯醚甲环唑可湿性粉剂或用波尔多液早期保护。

28. 学生王某请老师诊断:他家苹果树的树干皮层腐烂,组织松软,红褐色,易剥离,且有酒糟气味,这是什么病,如何防治?

答:根据所述症状诊断,是苹果树腐烂病,俗称烂皮病,多发生于结果树的枝干上。病皮表面湿润,呈水渍状、红褐色,组织腐烂,有酒糟气,手压凹陷,流出黄褐色汁液。后干缩,边缘有裂缝,表皮呈黑褐色,有小黑点。

防治方法:

①加强栽培管理,增加树势,提高树体抗病能力。增施腐熟的有机肥,及时浇水,注意排水,合理留果。

②防止冻害及日灼病。入冬前灌一次封冻水,并及时涂白防寒。

③清除病原。及时清理剪除的病枝、死枝和刮除的病皮,集中烧毁。

④春秋两季及时刮治病斑,涂药防治。可选药剂有5%菌毒清水剂、腐必清乳剂、2.12%腐殖酸铜水剂等。刮治腐烂病要坚持常年治疗与春秋突击治疗相结合,治早治小,效果才好。

29. 学生王某还请老师诊断：他家苹果树树干皮层腐烂，呈黄褐色或紫褐色，有时冒油，这是什么病，如何防治？

答：根据所述症状诊断，是苹果干腐病。苹果干腐病是果园第二大枝干病害，多发生于树皮裂缝和受冻害的枝条上，被害病斑呈褐色、紫褐色至黑褐色。开始为油浸状，俗称"冒油"，后期病斑凹陷、干裂，组织较硬、表面粗糙，病斑上密生黑色小点粒。它扩展较慢，一般当年不会达到木质部。

防治方法：

①增强树体抗病能力。要特别注意加强土肥水基础管理，秋季未施基肥或施肥量不足的，春季应及早补施，干旱时及时浇水、松土灭草，生长期合理追肥。

②杜绝病菌侵入门户。果园管理中要注意树体保护。尽量避免对树体的机械损伤，如碰伤、锯口、剪伤、病虫伤等。及时剪除树上衰弱枝、病虫枝、损伤枝、干枯枝和死芽，防止病菌乘虚而入。

③及时刮治干腐病斑。苹果干腐病的病斑主要局限于枝干树皮的表层，果园发现病斑时应早刮治，一般只需刮净上层病皮即可，刮后再用 5 波美度的石硫合剂药液涂刷消毒。

④早喷药早预防。苹果生长期，对全园普遍喷布 2∶3∶(160～200)的波尔多液 2～3 次，重点喷布枝干，可同时兼治多种病害。

30. 学员江某咨询：今年刮完苹果树腐烂病病疤之后不准备涂抹任何杀菌剂了，原因是多年来一直涂抹药剂但病疤重犯率仍很高，问是否可以？

答：果树腐烂病刮治之后一定要涂抹杀菌剂，否则一个比较大的刮伤面是苹果树腐烂病病菌再次侵染的良好途径。以前大多数人涂抹的是福美砷和平平加，简称平砷液。现在砷制剂禁止使用，可以用辽宁果树所研制的伤疤愈合灵或者菌毒清等杀菌剂兑丝润（一种渗透剂）涂抹，杀菌剂与渗透剂与可将树皮深层的病菌杀死并保护伤口不重新被侵染,效果良好。

31. 学员罗某来电咨询:苹果园病虫害防治应该遵循什么样的原则?

答:贯彻预防为主、综合防治的植保工作方针,以农业和物理防治为基础,以生物防治为核心,按照病虫害发生规律,科学使用化学防治技术,有效控制病虫危害。

①农业防治。选用抗病虫的品种,用非化学药剂处理种子、苗木等。加强栽培管理,通过多施有机肥、配方施肥、果园生草、深翻改土、合理修剪、疏花疏果等措施,增强树势,提高果树抵抗病虫害的能力,彻底剪除病虫枝梢,摘除病虫叶、果,刮除粗老翘皮裂缝,清扫枯枝落叶,铲除病虫越冬场所。

②物理防治。利用黑光灯、糖醋液、性诱剂和高压扑虫器等诱杀成虫。

③生物防治。人工释放赤眼蜂,保护和利用瓢虫、草蛉、捕食螨等天敌,土施白僵菌等消灭害虫。

④化学防治。根据防治对象的生物特性和危害特点,提倡使用生物源农药、矿物源农药和低毒有机合成农药;有限度地使用中毒农药;禁止使用剧毒、高毒和高残留农药。

32. 学员孙某咨询:苹果树的枝干产生灰褐色病斑,病皮翘起,待果实采收时,果面上产生水浸状褐色斑点,病斑不凹陷,最后全果腐烂,这是什么病,如何防治?

答:根据所述症状初步诊断,这可能是苹果的轮纹病。此病可使苹果、梨、山楂等多种果树被害,主要危害枝干和果实。枝干受害,以皮孔为中心产生灰褐色病斑,逐渐扩大近圆形,稍隆起呈疣状,边缘开裂翘起,严重时病疣密集成片,表皮粗糙,皮层坏死,造成枝干枯死。果实被害,以果点为中心产生水渍状褐色斑,病斑扩大呈深浅相间的同心轮纹状,最后全果腐烂,有褐色汁液溢出。叶片被害,产生褐色至灰白色近圆形病斑,其上散生小黑粒点。病菌在枝干病组织中越冬。

防治方法:

①刮除病斑。轮纹病菌初侵染来源于枝干病瘤。清除病瘤是一个重要的防治措施。果树休眠期要喷涂杀菌剂。生长季节对病树可施行"重刮皮"除掉病组织,然后集中烧毁。

②加强果树栽培管理,提高树体抗病能力。新建园应该选用无病苗木。如发现病株,及时铲除,苗圃应设在远离病区的地方,培育无病壮苗,幼树整形修剪时,切忌用有病的枝干用支柱,也不可把修剪下来的病枝干堆积于新果区附近。

③喷药保护。一般5月下旬开始喷第一次药,以后结合防治其他病害,共喷3~5次。保护果实的药剂,以耐雨水冲刷力强的波尔多液为好。此外,25%灭菌丹可湿性粉剂250倍液,50%退菌特可湿性粉剂800倍液,50%多菌灵可湿性粉剂1 000倍液,50%甲基托布津可湿性粉剂800倍液等药剂均有防治效果,但最好加入黏着剂,以提高药效的黏着性。若幼果期温度低,湿度大,使用波尔多液易发生果锈,尤其金冠品种更明显,此时可改用其他杀菌剂。在实际防治中,最好有两种以上的药剂交替使用,以提高药效。苹果品种间感病程度有差异,应加强对感病品种的防治。

33. 农民王某来电咨询:苹果斑点落叶病有哪些症状?

答:苹果斑点落叶病主要危害叶片,造成早落,也危害新梢和果实,影响树势和产量,叶片上斑点为褐色至深褐色近圆形,直径5~6 mm,有的病斑周围有紫红色晕圈;有的病斑中央有一褐色小斑点,外围有一深褐色环纹,状如鸟眼。病斑背面长出黑色霉层。多个病斑连成不规则大斑,呈云朵状。后期病斑场被其他病菌二次寄生,中央呈灰白色,病斑上散生许多小黑点,有时病斑破裂,形成穿孔。果实被害,果面上产生褐色近圆形病斑,周围有红色晕圈,病斑表皮下果肉变褐,呈木质化干腐状。新梢被害,多发生在内膛徒长枝上,病斑近圆形,褐色,周边常有裂纹。病菌主要在落叶上越冬,也能在新梢病部和顶芽内越冬。

34. 学员李某来电咨询:金纹细蛾是如何危害苹果树的?

答:金纹细蛾主要危害苹果,也危害海棠、梨、桃、李等果树。幼虫潜入叶内取食叶肉,产生椭圆形的虫斑,黄褐色,内有虫粪,造成叶黄枯焦,提早脱落。严重时果小早落。成虫为体长 2.5～3 mm 金黄色的小蛾子。卵扁椭圆形,初产乳白色,老熟幼虫体长 6 mm,稍扁,黄色。蛹长 3～4 mm,黄褐色。金纹细蛾一年发生 5 代,以蛹在落叶中越冬。

35. 学员周某来电咨询:卷叶蛾有几种,对苹果的危害有哪些?

答:卷叶蛾种类多,发生普遍,寄生广泛。主要有苹果卷叶蛾、顶梢卷叶蛾、苹果大卷叶蛾、苹褐卷叶蛾、黄斑卷叶蛾五种。卷叶蛾以幼虫食害嫩叶、新梢和果实、幼虫在卷叶和重叠的叶片中蚕食叶片,叶片上出现沙网和孔洞,坐果后将叶片贴在果面上,或在两果靠近处啃食果皮,形成凹痕疤果。顶梢卷叶蛾主要危害新梢,把顶部叶卷成团,食害嫩叶、新芽、吃光生长点,影响顶花芽形成,抑制新梢生长。成虫为 10 mm 左右的小蛾子,体色为黄褐色、棕色、银灰。卵扁椭圆形。幼虫体色黄绿、绿、浅绿、污白色。老熟幼虫体长 20 mm 左右。蛹红褐色、黄褐色。苹大、苹小、苹褐卷叶蛾一年发生 2～3 代,以幼虫在枝干皮缝、剪锯口处越冬,顶梢卷叶蛾一年发生 2～3 代,幼虫在顶梢叶团中结茧越冬,黄斑卷叶蛾一年发生 3～4 代,以越冬型成虫在杂草、落叶间越冬。

36. 大连庄河宋某来电咨询:苹果的叶尖向叶背面横卷,打开卷叶发现里面有黄色虫子,这是什么害虫?

答:根据所述症状诊断,这是苹果的绣线菊蚜,过去叫苹果黄蚜,危害苹果、梨、桃等多种果树。以成、若蚜刺吸叶片和嫩梢的汁液,不危害果实。被害叶自叶尖向叶背面横卷,影响光合作用和新梢生长。苹果黄蚜一年发生十余代,以卵在枝杈、芽侧及树皮缝隙内越冬。

37. 大连庄河宋某还咨询:苹果叶的两边缘向叶背面卷,严重时变黑褐色干枯而死,打开卷叶发现里面有暗绿色的蚜虫,这是什么蚜虫?

答:这是苹果瘤蚜。苹果瘤蚜危害苹果、沙果、海棠等果树。成、若蚜群集在新芽、嫩叶、幼果上刺吸汁液。被害的嫩叶不能展开,渐皱缩,边缘向叶背面纵卷,叶片呈现红斑,严重时变为黑褐色干枯而死。幼果被害后,果面有稍凹陷不整齐的红斑,严重时畸形。有翅胎生雌蚜体长 1.5 mm 左右,卵圆形,暗褐色。无翅胎生雌蚜,体长 1.5 mm 左右,体色暗绿、褐绿色。卵长椭圆形,长约 0.5 mm,黑绿色。若虫体小淡绿色。苹果瘤蚜一年发生十余代,以卵在枝梢、芽腋及剪锯口处越冬。

38. 辽宁沈阳康平张某来电咨询:冬季如何预防苹果树虫害?

答:冬季预防苹果树虫害要做好以下几点:

①加强管理,增加树体抗病虫能力。入冬前,结合深翻树盘,按树龄大小、树势强弱施入腐熟的有机肥,适当配施磷、钾肥。这样既改善了土壤的肥力状况,又对桃小食心虫、山楂叶螨、梨虎等多种地下越冬害虫起到了较好的防治作用。

②果树刮皮。俗语说"小寒大寒,树皮刮完"。冬季果树刮皮,胜过施用药剂,主要刮去粗皮、翘皮(以刮去浅褐色皮层,见绿不见白为宜),切忌过深。刮下的碎片木屑应集中烧毁。刮后涂保护剂如石硫合剂或腐必清等,对腐烂病、螨类等多种病虫害的防治效果较明显。

③树干涂白。树干涂白是果树冬季管理的重要措施。涂白剂配方:生石灰 6 kg、硫黄 1 kg、食盐 1 kg、水 18 kg、胶适量(豆浆也可

以）。涂白剂涂在树上薄薄一层，以不流淌、不结疙瘩为宜。涂白高度从树杈到地面。

④结合冬剪，剪除病虫枝，清理果园的枯枝、落叶、落果，统一销毁。

⑤药剂防治。在果树休眠期喷 3～5 波美度石硫合剂，既能杀菌，又能灭虫，特别是对蚧壳虫、山楂叶螨有较好的防治作用。

39. 某果园管理人员咨询：梨园每年的管理及病虫害防治都很好，2005 年梨黑星病严重发生，不仅果实、叶片呈黑色，叶柄和枝条也是黑色的。果园里到处都是梨黑星病的病原菌，人在果园走一走，满身黑色。只因为本人出门没在家，波尔多液比过去晚打半个月，其他防治方法与以往年份一样，为什么黑星病却如此严重？

答：2005 年春季雨水多，与以往同样的防治方法是不行的，应该提前打保护性杀菌剂，尤其是波尔多液，它是一种良好的保护性杀菌剂，但是没有治疗作用。2005 年气候特殊，多雨冷凉，波尔多液应比以前提前 1 周左右喷布。可因为果园管理人员出公差，不仅没提前喷波尔多液，而且比以往年份还晚半个月，所以梨黑星病非常严重。2006 年，该果园管理人员根据气候条件确定打药时间，尽管是在上一年果园内梨黑星病病原菌积累了很多的情况下，该果园仍取得了良好的防治效果。

40. 锦州张某来电咨询：梨树嫩叶上产生黑褐色小圆斑，病斑中部灰白色，外部灰褐色，潮湿时有黑霉层，严重时叶片枯焦脱落，受害幼果果面上产生小黑斑，这是什么病，如何防治？

答：根据所述症状初步诊断，这可能是梨黑斑病。梨黑斑病在梨树生长期和储藏期间均可发病。可危害叶片、果和新梢。叶片受害，主要危害嫩叶，其上产生黑褐色小圆斑。幼果受害，果面上产生小黑斑有黑霉。后期果面龟裂，裂缝可达果心，裂缝处也会有黑霉,病果易早落。新梢受害,病斑褐色凹陷,病健交界处开裂,易折断。梨黑斑病菌在被害枝梢、落叶、落果上越冬。

防治方法:

①做好清园工作。梨黑斑病菌在被害枝梢、落叶、落果上越冬。因此,在果树萌芽前做好清园工作,剪除有病枝梢,清除果园内的落叶、落果,并集中烧毁。

②加强栽培管理。一般管理较好,施用有机肥料较多,树势健壮的梨园发病都较轻,反之则重。因此各地应根据具体情况,可在果园内间作绿肥或增施有机肥料,促使梨树生长健壮,提强植株抵抗力。对于地势低洼、排水不良的果园,应做好开沟排水工作。在历年黑斑病发生严重的梨园,冬季修剪宜重,可增加通风透光,剪除病枝梢,减少病菌来源。

③套袋。可保护果实免受病菌侵害。

④喷药保护。药剂可用 1:2:(160~200)波尔多液,50% 退菌特可湿性粉剂 600~800 倍液,或 65% 代森锌可湿性粉剂 500 倍液。为了防止药液被雨水淋失,可在药液中加入黏着剂。喷药最好在雨前进行,雨后喷药效果较差。

⑤选栽抗病品种。发病严重的地区,可多栽植中国梨等抗病性较强的品种。

41. 大连普兰店学员咨询:梨幼果变黑干枯,果柄和果台连接处有丝缠绕,果挂在树上不脱落,这是怎么回事,如何防治?

答:根据所述症状初步诊断,这可能是梨树的梨大食心虫危害。梨大食心虫简称梨大,专食性强,仅危害梨树。幼虫蛀食的花芽鳞片不脱落,被害芽干瘪。幼果受害变成黑果干枯,果柄和果台连接处有丝缠绕,虫果挂在树上不脱落,这个现象俗称"吊死鬼"。大果被害后,萼洼处有粪便,虫孔周围易腐烂。成虫体长 10~12 mm,灰褐色小小蛾子。幼虫体长 17~20 mm,绿褐色。梨大一年发生 1~2 代,以幼龄幼虫在花芽内结茧越冬。

防治方法：

①结合梨树修剪，剪除虫芽，或早春检查梨芽，将被害虫芽摘除。

②有幼虫潜伏在鳞片内危害，用人工捏杀鳞片内的幼虫。

③在幼虫化蛹期，成虫羽化之前，组织人工摘除被害果，并加以集中处理，重点摘除越冬代幼虫的被害果。

④在越冬代成虫发生时期，结合果园其他害虫的防治，利用黑光灯诱杀成虫。

⑤药剂防治。掌握越冬幼虫出蛰转芽时期，施用50％杀螟硫磷乳剂1 000倍液，转果期防治用1 000倍的50％辛硫磷，500倍的50％敌百虫。防治第一代卵及初孵化幼虫，可喷布1 000倍的50％辛硫磷乳剂，喷药要均匀周到。防治第二代卵及初孵化幼虫，药剂同第一代的防治相同。

⑥保护天敌。它的天敌较多，主要有黄眶离缘姬蜂、瘤姬蜂、离缝姬蜂等。

42. 锦州刘某来电咨询：梨树叶片和果面上有黑色斑点，叶背面多于叶正面，严重时果实坚硬，这是什么病，如何防治？

答：根据所述症状初步诊断，这可能是梨黑星病。药剂防治梨黑星病要抓住三个关键时期：

①病害初发期，药剂防治，防止病菌蔓延。

②7月病原菌侵染盛期，喷药保护，防止果实大量被害。

③8月下旬至9月上旬，控制果实发病高峰，减少病菌越冬数量。

具体用药及时间：5月中下旬开始用第一次药，连喷5～6次，间隔10天左右，并要注意交替轮换使用多种药剂。可选药剂有40％氟硅唑乳油、50％多菌灵乳油、62.25％腈菌唑·代森锰锌可湿性粉剂、波尔多液等。另外，在秋末冬初彻底清理果园，将落叶、落果随时带出园外销毁，生长期及时摘除病叶、病果并集中销毁，加强栽培管理,增强树势,提高抗病力。

43. 鞍山周某来电咨询:梨小食心虫是如何危害果树的?

答:梨小食心虫简称梨小,危害梨、桃、苹果等多种果树。幼虫蛀食果肉直达果心,引起腐烂变黑或脱落。嫩梢受害萎蔫干枯或折梢。成虫为体长 4.6～6.0 mm,黑褐色的小蛾子。卵长 0.6 mm,扁椭圆形,乳白色。幼虫体长(老龄)10～13 mm,桃红色。蛹长 6～7 mm,黄褐色。梨小一年发生 3～4 代,以老熟幼虫在枝干树皮缝隙、干基和树盘表土内结茧越冬。

44. 鞍山孙某来电咨询:用什么药能让南果梨着红色?

答:南果梨着红色不能通过使用药剂实现,主要与南果梨的栽培措施有关。另外,地域对果实着色也有很大的影响。比如与其他地区相比,鞍山的气温、土壤酸碱度更适于南果梨生长,果实皮薄、肉质细、果核小、口感好,特别是在部分地区果实着红色,外观非常漂亮。建议对果树进行冬剪和夏剪,在果实膨大后期把遮挡果实的部分树叶剪掉,使果实充分见光。另外,要多施腐熟的农家肥。

四、有关浆果类果树病虫害方面的问题

45. 辽宁辽阳一学员在果树病虫害防治课上问:葡萄烂粒烂串,果梗基部病斑淡褐色,逐渐扩大后变为褐色,并蔓延到果粒和穗轴上,使穗轴萎缩干枯,后期越发厉害,果粒干缩成灰褐色僵果,这是什么病,如何防治?

答:根据所述症状初步诊断,可能是葡萄房枯病。此病又称穗枯病、粒枯病,主要危害果粒、果梗和穗轴,也危害叶片。受害部位变褐,干枯,干缩成僵果,久挂不落。

防治方法：

①加强栽培管理，增强树势，增施有机肥，及时排水，增加树体抗病能力。

②秋后及时清理园中枯枝残叶，集中销毁。

③药剂防治，落花后立即喷药保护，同时可以兼治其他病害。施药次数及间隔期视病情而定，并要注意交替轮换使用多种药剂。可选用70％甲基硫菌灵可湿性粉剂、50％多菌灵可湿性粉剂、50％苯菌灵可湿性粉剂等。

46. 大连瓦房店于某和王某均来电咨询：果园的葡萄蔓枯病比较严重，如何防治？

答：蔓枯病又叫蔓割病，主要发生在二年生以上枝蔓的茎基部，也可侵害新梢及果实。茎蔓受害，初期病斑红褐色稍凹陷，逐渐扩大成黑褐色大斑。病组织腐烂，到秋天蔓表皮纵裂成丝状。如主蔓受害，病部以上的枝蔓生长衰弱，叶色变黄，并逐渐萎蔫或突然萎蔫死亡。

防治方法：

①加强栽培管理。及时剪除病蔓并烧毁，以减少越冬菌源；增施有机肥料，促使葡萄生长健壮，提高植株抗病能力；保护蔓干免受各种损伤。

②刮除病斑。老蔓上的病斑，用刀刮除后涂5波美度石硫合剂、5％安索菌毒清200倍液、腐必清10倍液。

③喷药保护。葡萄发芽前喷一次5波美度石硫合剂，铲除越冬菌源；5～6月喷1～2次1：0.7：200波尔多液，重点保护二年生以上的枝蔓。

47. 学员于某问：为什么他们村的部分葡萄园出现裂果现象，并且出现裂果的葡萄园无论怎样打药都不能解决问题？

答：葡萄白粉病也可使果实裂果。但葡萄在成熟期大量裂果，其原因可能是临近收获前的一个月内连续下了几场大雨,属于涝害。调查发现,凡是果园前期葡萄霜霉病防治得好的果园,虽然果园积水,由于叶片蒸腾并及时人工排水,葡萄裂果现象很少或没有裂果。解决这一问题的办法:生长季节加强葡萄病虫害防治,尤其葡萄霜霉病的预防,使叶片生长正常,及时蒸腾水分并且及时排水。

48. 学员周某来电咨询:刚刚坐果的葡萄幼果上出现亮晶晶的白色霉层,幼果逐渐萎蔫变褐非常严重,许多人认为这是灰霉病,但按此用药效果不好,这到底是什么病?

答:这是葡萄霜霉病。葡萄霜霉病主要危害叶片,严重时叶片枯焦。现在幼果上严重发生葡萄霜霉病,其原因是今年(2005年)春天连续半个多月下雨,低温冷凉,温湿度适宜葡萄霜霉病病原菌生长。所以,凡是葡萄坐果期前后气候低温冷凉并且多雨,一定要注重霜霉病的预防。

49. 学员李某咨询:今年持续了很长时间的干旱,果树上几乎没有发生常见病害,但葡萄果粒上却出现了浅黑色不规则略凹陷病斑,内部果肉褐色有网状空洞,晚红品种比巨峰严重,大量用药没有效果,这是怎么回事?

答:这一现象是因为持续干旱,影响了葡萄根系对硼元素的吸收利用,即缺硼症状。应该考虑喷施含硼元素的肥料,补充根系对微量元素的吸收不足。

50. 大连瓦房店于某来咨询:他家附近几户果农的葡萄园都发生严重病害,尤其晚红葡萄,果实变褐,受害率83%,这是什么原因?

答:诊断结果不是病害,而是急性药害。因为于某的这几户果农所喷布的药剂相同并且是在同一农药店购买的,除这几户果农外,周围其他果园树种相同、喷药时间相同,但药剂不同,没有此类现象发生。农民为了防治葡萄白腐病,在果穗套袋前喷布杀菌剂,然后套袋。这种处理方法正确,但选择药剂要慎重,要详细阅读说明书,注意药剂的使用浓度及能否混合使用。另外,在夏季最好不用可湿性粉剂,要用水溶剂,否则易产生药害。

51. 农民孙某来电咨询:葡萄上架、下架时发现接近地表面的茎蔓特别容易折断,这是什么原因,如何防治?

答:凡是葡萄茎蔓特别容易折断之处都有一纵裂的病疤,表面粗糙,这是葡萄蔓割病。在春季4月初葡萄出土时,对准伤口涂抹5波美度石硫合剂;秋季葡萄下架时再涂抹一次,防效很好。

52. 学员陈某咨询:葡萄出土时要注意听天气预报吗?

答:是的。2008年4月初,正值辽宁各地葡萄出土的时候,天气预报说近日有寒流,一学员来电咨询说:她家葡萄已经撒土,但玉米秸秆尚未撤掉,是否继续撤?老师回答的是不撤。结果继续撤玉米秸秆的葡萄都遭受冻害,她家的葡萄却很安全。

53. 学员咨询:爷爷和爸爸每年在葡萄上打药的时间都有记录,他也照着这时间打药吗?

答:不用,每年用药时间均不同。比如说,如果雨水多,杀菌剂要早用,预防;如果干旱,就暂时不打杀菌剂,应考虑微量元素的吸收是否受到影响,该不该补充。

54. 丹东学员王某咨询:草莓死苗,其根部发红,这是什么原因,如何防治?

答:根据所述症状初步诊断,这可能是草莓红中柱根腐病。该病也叫红心根腐病、褐心病,是冷凉及土壤潮湿地区草莓的主要病害。该病主要危害根部,严重时根部(包括木质部)变红褐色并腐烂,地上部叶片变黄或萎蔫,最后全株枯死。

防治方法:

①选用抗病品种。

②加强栽培管理。高畦或起垄栽培;忌大水漫灌,雨后及时排

水;及时拔除病株,集中带到田外销毁,在病穴内撒生石灰消毒。

③土壤消毒。用药剂或高温法消毒。

④与其他作物实行轮作。

⑤药剂防治。药剂灌根,连续用药 2～3 次,间隔 5～7 天,并要注意交替轮换使用多种药剂。可选药剂有 58％甲霜灵·锰锌可湿性粉剂、64％杀毒矾可湿性粉剂、15％恶霜灵水剂、50％多菌灵可湿性粉剂等。

55. 丹东东港于某来电咨询:草莓地如何施用除草剂?

答:要根据草莓地里杂草的种类,选择对路的除草剂和施用方法。

①杂草芽前土壤封闭处理:在草莓移栽前,杂草未出土时,采用喷雾法进行土壤处理,可选药剂有 33％除草乳油、50％大惠利可湿性粉剂等。

②杂草出苗后茎叶处理:在草莓移栽缓苗后,杂草出齐 3～4 叶期,采用喷雾法进行茎叶处理。可选用药剂有 16％甜菜宁乳油(防除阔叶杂草)、15％精稳杀得乳油(防除禾本科杂草)、12.5％盖草能乳油(防除禾本科杂草)、20％拿捕净乳油(防除禾本科杂草)。

56. 东港李某来电咨询:草莓开花时得白粉病,如何防治?

答:草莓白粉病主要危害叶片,其次是嫩芽、花、果等。发病初期在叶面长出白色菌丝层,随病情加重,叶缘向上卷起,呈"汤匙"状,后期变为红褐色病斑,叶缘焦枯。花蕾受害,幼果不能正常膨大,干枯。后期受害,果面上覆一层白粉,失去光泽并硬化。

防治方法:

①品种选用。选择抗病品种。

②水肥管理。不要过多施用氮肥,应多施磷、钾肥,以增强草莓的抗病能力。

③增加光照。栽植密度不宜过大,经常清理棚膜,增加透

光度。

④清除菌源。及时摘除病叶、病果等病残体,并集中带出田外销毁。

⑤药剂防治。于发病前或初期开始用药,连续施用 3～4 次,间隔为 7 天左右,施药要均匀周到,并要注意交替轮换使用多种药剂。可选 12.5％腈菌唑乳油、15％三唑酮(粉锈宁)可湿性粉剂、50％多菌灵可湿性粉剂、70％甲基硫菌灵可湿性粉剂、2％武夷霉素水剂、农抗 120 水剂、10％世高可湿性粉剂、40％福星乳油、25％施保克乳油等。

五、有关农药方面的问题

57. 某农民咨询:有的果农在配置农药时把商品农药直接倒入已经装好水的喷雾器内,随便搅和搅和就喷布使用;为了节省劳力把几种农药随意混合在一起使用;喷雾器喷头雾化效果不好也不修理,仍继续使用,这样可以吗?

答:配置农药时应先将商品农药倒入小容积的容器内,搅和均匀再倒入已经装好水的喷雾器内,再搅和均匀便可喷布使用。农药要严格按照说明书的要求而混合使用,否则容易起药害。喷雾器喷头出现问题要及时修理,若雾化效果不好很容易起药害。

58. 河北李某来电咨询:果树和蔬菜农产品收获前使用农药应注意哪些问题?

答:由于水果、蔬菜是直接入口食用的农产品,在使用农药时应该注意其安全性,尽量选用生物农药或高效低毒低残留的农药,杜绝使用高毒农药和已经规定禁止使用的农药。

俗话说"是药三分毒",因此在收获前的 20 天左右,应该禁止使用农药,具体的禁止使用间隔日期(安全期)应当遵照农药标签上的说明。

59. 辽宁省科技厅培训班三期果树学员刘某在专家讲课时提问:如何鉴别农药是否失效?

答:①乳制农药的鉴别:

观察法:发现农药里有沉淀、分层絮结现象,可将此药瓶放在热水中,静置1小时,若沉淀物分解,絮状消失,说明农药有效,否则不能再使用。

摇荡法:若出现分层现象,上层浮油下层沉淀,可用力摇动药瓶,使农药均匀,静置1小时,若还是分层,证明农药变质失效。如分层消失,说明尚未失效,可继续用。

②粉剂农药的鉴别:

悬浮法:取50 g粉剂放在玻璃瓶内,加少许水调成糊状,再加适量的水搅拌均匀,放置10～20分钟,好的农药粉粒细,沉淀慢且少,失效农药粉粒沉淀快且多。

烧灼法:取药10～20 g,放在金属片上置于火上烧,若呈白烟,证明农药未失效,否则说明已失效。

观察法:如粉剂农药已结块,不易破碎,证明失效。

③可湿性粉剂农药的鉴别:取清水一杯,将一点农药轻轻撒在水面上,1分钟后,如果农药还不能溶解在水里,说明已变质失效。也可将1 g药撒入一杯水中,充分搅拌,如很快发生沉淀,液面出现半透明状,说明农药已失效。

六、其他方面的问题

60. 农民孙某电话咨询:为了省工省力,不挖沟可否将农家肥直接撒在果树盘下地表面?

答:不可以。因为果树的根系"闻到"农家肥的味道,就向地表方向生长了,所以还是应该挖沟施肥。

61. 辽宁抚顺学员咨询:怎样防止春季寒流造成的果树冻害?

答:春季寒流来临时果园内用秸秆熏烟。

62. 农民王某咨询:果树为什么要涂白?

答:果树树干涂白主要有两个作用:一是防冻;二是阻止害虫在树干上产卵。如雌性大青叶蝉用锯状产卵瓣将树皮划破,将卵产在皮下越冬,第二年卵孵化以后,树体遍体鳞伤,既是腐烂病菌侵染的"门户",也容易在春季干旱时造成树体失水,尤其是幼树,极易死亡。

63. 学员咨询:五六月份时天气干旱会影响桃小食心虫吗?

答:会。如果五六月份没有较大的降雨量,一定会影响桃小食心虫越冬态老熟幼虫出土,出土时间推迟,要注意地面撒药时间。

64. 锦州义县郑某来电咨询:二斑叶螨是怎样危害果树的,它在哪越冬?

答:二斑叶螨除危害多种果树,还危害棉花、大豆、玉米等多种作物。以成、若螨刺吸叶片汁液,使叶片上出现许多失绿细小斑点,连叶,被害叶片叶色苍白,枯焦早落。喜群居,集中于叶背主脉附近和叶柄上,吐丝拉网。当大发生或食料不足时,群集成团,吐丝下垂,靠风力传播。雌成螨体长 0.5 mm 左右,椭圆形,一般深红色,也有浓绿、黑褐、绿褐等色。雄成螨体长约 0.26 mm,近卵形,鲜红色。卵为球形,长 0.13 mm,无色至橙红色。二斑叶螨一年发生 12～13 代,以雌成虫在树下土缝、杂草根际、枯枝落叶下及树皮缝内越冬。

65. 河北一农民孙某来电咨询:温室利用黄板诱虫的原理是什么?

答:该技术是利用蚜虫、白粉虱、斑潜蝇等多种害虫的成虫对黄色敏感(喜欢黄色)并有强烈的趋向性的特点,选择黄色纸板涂上黏胶,制出高效黄色黏虫板来诱杀害虫的成虫。

技术特点:

①绿色环保,无公害、无污染,是设施无公害果树和蔬菜生产必备产品。

②特殊胶板,特殊色谱,诱虫效果显著,可有效降低虫口密度,减少用药,增收节支效果明显。

③进口高黏度防水胶,高温不流淌,抗日晒雨淋,持久耐用,双面诱杀。

④开封即用,省时省力,及时更换。

使用方法:

①使用时间。温室内从苗期和定植期开始使用,保持不间断使用并及时更换黄板可有效控制害虫发展;露地也可以用,辽宁省果树所苹果园内悬挂大量的黄色黏板诱杀有翅膀的蚜虫。

②使用数量。每亩悬挂 25 cm×40 cm 黄板 20～25 块。

③悬挂高度。据试验,在日光温室内 1.5～1.8 m 高处悬挂,一般要求黄板下端高于作物顶部 20 cm 为宜。

④清理。当黄板粘满害虫后,可用木棍剥下或用水冲洗,然后再悬挂重复使用。

66. 某内蒙古农民来电咨询:频振式杀虫灯有什么优点,其杀虫原理是什么,和一般杀虫灯有什么区别?

答:频振式杀虫灯杀虫技术是利用害虫趋光、趋波特性,选用对害虫有极强引诱作用的光源波长,将害虫诱至杀虫灯下被电网触杀的一种先进实用的物理防治害虫技术。

优点:

①杀虫谱广。可捕杀鳞翅目、鞘翅目、半翅目、膜翅目、双翅目、直翅目、同翅目等 20 余科的果树、蔬菜、作物上的 280 余种害虫。对天敌影响较小,它避开了蜜蜂、虎甲、草蛉、寄生蜂、瓢虫等

天敌趋性强的光源和波长(这就是与一般杀虫灯的区别),益害比为最低 1∶40 至最高 1∶1 000。

②节省成本。一般可减少杀虫剂用药 4～5 次,节省人工、农药、水、电、油费,每亩每年只需 4 元钱。

③操作方便。40～50 亩地挂一盏灯,夜间开灯,早晨关灯,安全方便。

④保护环境。减少化学杀虫剂 30％～40％ 的使用量,降低了农药残留,对人畜安全,保护了生态环境和产品质量,是生产无公害、绿色食品的最佳措施之一。

注意事项:园区在投放赤眼蜂期间(6 月上中旬)最好不开灯;灯应高出作物 0.5 m 左右;陆地矮棵作物,灯离地面 1～1.5 m 为宜。

上述是近年来果树生产中农民遇见的一些问题,生产中类似这样的问题还有很多。农业技术人员应了解植物营养诊断方法和病虫害发生特点,掌握综合治理技术,合理施肥并合理混配农药,更好地搞好果树生产,为农民服务。

第二部分　植物营养、昆虫、病害基础

一、植物营养诊断基础

(一)植物营养诊断的基本任务

植物生长发育所必需的 16 种营养元素,尽管植物对它们的需要量不同,但是它们在植物生长发育过程中的生理功能却是同等重要和不可替代的。当缺乏某种元素或某种元素过量时或元素间的比例失调,植物体内一系列代谢活动就会发生障碍,就会由于营养失调引起生理病态。所谓"植物营养诊断"就是通过利用生物、化学、物理及形态观察等方法来分析研究植物的营养状况是处于缺乏、适当或过剩,以及直接或间接影响作物正常生长发育的因素等,为拟订合理施肥方案提供科学依据。营养诊断的主要目的是利用营养诊断这一手段进行科学合理施肥,及时调整营养物质的数量和比例,改善作物的营养条件,以达到高产、优质、高效的目的;通过判断营养元素缺乏或过剩而引起的失调症状,以决定是否追肥或采取补救措施;还可以通过营养诊断查明土壤中各种养分的储量和供应能力,为制订施肥方案,确定施肥种类、施肥量、施肥时期等提供参考;等等。

作物的生产效率是受作物种类的遗传性质和环境条件——气候、土壤等所支配。在一定的环境条件下,作物的生产效率主要是受土壤营养元素供应状况所支配。为了获得高产必须供应数量足够而比例协调的各种营养元素。作物的生产效率与某种营养元素之间的关系一般可用图 2-1 表示,图中适宜临界值前面是缺乏范围,在这一范围内,如补给所缺乏元素,产量将急剧上升,但作物体内该元素含量变化不大,在严重缺乏时,随着生长量的增加其含量或许有所下降,这往往是生长量增加而引起所谓养分浓度的"稀释效应"所致。当含量达到临界值时,作物产量达到最高水平,接着在一个较大的范围内产量维持最高水平而无变化,这就是所谓适宜范围。作物在这个范围内吸收的养分仍继续增加,但增加的养分对产量并无贡献,故称这种吸收为"奢侈吸收"。如继续吸收,养分含量超越适宜水平,就进入毒害范围。在这个范围内,营养元素含量增加,毒害加深,生长受害,产量迅速下降。从这里,我们可以得到一个概念,即"营养诊断"所要解决的问题是:如何使作物营养元素的含量达到并保持适宜,矫正缺乏和防止过量。

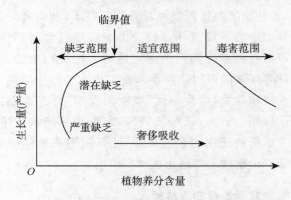

图 2-1 养分含量与植物生长量或产量的关系

20 世纪 50 年代以来,随着化学工业的发展和世界对粮食需要量的增加,化肥生产量和施用量也逐年增加,通过土壤测试和植物诊断指导化肥施用的技术应运而生,经过几十年的发展,特别是数理统计和电子计算机技术在推荐施肥中的应用,使这一技术日趋完善。目前,许多国家使用了推荐施肥方法,如北美、西欧各国采用的"土壤养分丰缺指标法"、前苏联和东欧部分国家采用的"目标产量施肥法"、日本应用的"土壤诊断法"、我国许多地区采用的"肥料效应函数法"及我国水稻施肥广泛采用的"氮素调控施肥法"等。这些推荐施肥方法各具特色,也都有不足之处,只考虑投入和产出,不考虑中间的"过程"。因此,在推荐施肥中,只能给出作物整个生育期的需肥总量,对于这些肥料应该在什么时期施用和每次施用多少则无能为力。许多作物如小麦、玉米等,除需要施用底肥外,还需要考虑在特定生育期是否追肥以能满足其生长发育的需要。这就要求我们在研究施肥时,要介入作物的生长过程中通过对作物进行营养诊断去跟踪植物营养的亏缺与否,了解其需肥关键时期,根据作物当时自身营养状况适时、适量地追施肥料,满足其最佳生长需要。

目前,发达国家都比较重视营养诊断技术,他们有专门进行植物营养诊断的中心职能机构。我国由于农民经营面积较小,大多依照习惯或按农技推广部门的配方施肥方法进行施肥。同时,由于测试条件等因素的限制使营养诊断工作在生产中应用不多。随着生产的发展和普及"两高一优"农业的要求,营养诊断技术将会迅速被推广应用。另外,从节省资源、能源和保护水质角度来看,也有必要考虑肥料施用的经济效益、使其限制在栽培所必需的最低水准。营养诊断技术将迅速被推广应用。

(二)植物营养诊断的发展概况

从李比希提出"矿质营养学说"并试图以化学测试手段探索土壤养分丰缺指标开始,经过150多年的发展,推荐施肥技术已有了长足进步,不仅建立了坚实的理论基础,而且也探索出了许多独具特色的研究方法。

早在19世纪30年代就有人开始利用植物分析来诊断植物营养状况的研究,发现了特定植物组织中养分浓度和产量之间的良好相关关系。Mary(1936)首先开始定量地研究这种关系并且用来估计植物营养状况。到 19 世纪中叶,在美国、法国、日本和印度等国家开始用化学分析方法分析土壤养分状况,并在生产上收到一定效果。20 世纪 20 年代美国开始研究土壤和植物联合诊断技术,20 世纪 30 年代在各州试验站试用;20 世纪 40 年代,各州都建立了诊断研究室,对不同土壤类型和植物种类进行研究,在研究内容上也有了更进一步的深入,由经济植物发展到其他植物,由测定大量元素发展到微量元素,由形态观察发展到应用彩色图片进行诊断;20 世纪 50 年代改进了诊断方法,并提出了一些土壤和植株的诊断指标。20 世纪 60 年代以来由于测试技术水平的大大提高,使营养诊断工作有了长足的发展,由诊断单一元素发展到多种元素和各元素间的比例关系,从外部形态发展到组织内部生理生化诊断等。随着推荐施肥技术的发展,单纯通过土壤测试估算作物单季施肥总量已不能满足生产的需要,还需要通过植株分析诊断指导一生育期的追肥。经过许多研究者的努力,目前,在植物生长期间的植物营养分析已经发展成为一项较为成熟的诊断技术,许多国家如英国、德国、澳大利亚和美国都已成功地应用该项技术来指导作物生产。

我国 20 世纪 70 年代中期曾采用作物营养诊断速测方法,在大范围内进行施肥诊断技术的研究。但由于测试手段落后,影响了此项技术在生产实践中的应用。20 世纪 80 年代以来也广泛地开展了营养诊断的研究和应用推广工作,在指导施肥、改土、提高作物产量和改善品质方面取得了一定的成绩。当前,营养诊断在我国研究较多、成绩较大的是在多年生果树和水稻作物上,利用果树叶分析诊断和水稻叶色诊断、叶鞘淀粉碘试法等来指导追肥,已经在生产中发挥了重要作用。北方地区主要粮食作物小麦、玉米的氮营养诊断长期以来一直停留在定性的研究阶段,近来该方面的研究有了新进展,中国农业大学植物营养系在当前推荐施肥和营养诊断研究基础上，结合国外先进技术，对北方地区主要粮食作物小麦、玉米等的营养诊断进行了系统的研究，建立了一套综合肥料效应函数和氮营养诊断的施肥推荐系统。该系统在用肥料效应函数法基本框定作物单季氮肥施用量的基础上，再在作物生长期间选择氮营养关键期，用快速营养诊断来监测作物氮养分状况，同时综合土壤供氮量和作物种类建立了追肥推荐模型，该系统将"产前定肥"和"产中调肥"有机地结合起来，能够在田间条件下完成营养诊断工作。同时结合先进的计算机技术，还可以进行大面积施肥推荐。这样对作物施用氮肥作进一步调控，既可使施肥经济合理，又能减少因过量施肥对环境造成的危害。

目前，营养诊断技术在许多国家已得到充分的应用，通过这一技术应用，因地因植物指导施肥，使作物产量和品质不断提高。但是，营养诊断是一项较复杂的综合性技术，由于影响农业生产的因素是多方面的，这些因素又在不断地变化，使诊断工作受到一定的限制，需要对其进一步的研究和完善。

（三）植物营养诊断的研究方法

就植物营养诊断对象而言，可分为土壤营养诊断和植株营养诊断两种。土壤营养诊断主要依据土壤养分的强度因素和数量因素。作物生长发育所必需的营养元素主要来自土壤，产量越高，土壤需提供的养分量就越多。土壤中营养物质的丰缺协调与否直接影响作物的生长发育和产量，关系着施肥的效果，因此成为进行营养诊断、确定是否施肥的重要依据。在制订施肥计划前应首先进行土壤营养诊断，以便根据土壤养分的含量和供应状况确定肥料的种类和适宜的用量。植株营养诊断主要依据作物的外部形态和植株体内的养分状况及其与作物生长、产量等的关系来判断作物的营养丰缺协调与否，作为确定是否追肥的依据。

从植物营养诊断的方法看，主要包括形态诊断、化学诊断、施肥诊断、酶学诊断及物理化学诊断等,现简介如下。

1. 形态诊断

形态诊断是指通过外形观察来判断植物某种营养元素失调的一种方法。因为植物在生长发育过程中的外部形态都是其内在代谢过程和外界环境条件综合作用的反映。当植物吸收的某种元素处于正常、不足或过多时,都会在作物的外部形态如茎的生长速度、叶片形状和大小、植株和叶片颜色以及成熟期的早晚等方面表现出来。该方法简单易行,至今仍不失为一种重要的诊断方法。

2. 化学诊断

化学诊断是指通过化学分析测定植株、土壤的元素含量,与预先拟订的含量标准比较,或就正常与异常标本进行直接的比较而作出丰缺判断的一种营养诊断方法。这种方法包括植株化学诊断和土壤化学诊断,一般说植株分析结果最能直接反映植物营养状况,所以是判断营养丰缺最可靠的依据。土壤分析结果与植物营养状况一般也有密切的相关。但因为植物营养失调除与土壤元素含量有关外,还因为植株本身根系的吸收要受外界不良环境的影响,因此有时会出现土壤养分含量与植物生长状况不一致的现象。所以总的说来与植物营养状况的相关就不如植株分析结果的好。但是土壤分析在诊断工作中仍是不可缺少的,它与植株分析结果互相印证,使诊断结果更为可靠。

3. DRIS 法

DRIS 法也叫营养诊断施肥综合法,由 Beaufils(1973)提出。它是用叶片养分诊断技术,综合考虑营养元素之间的平衡状况和影响植株生长的因素,从而确定施肥次序的一种诊断方法。该法与临界浓度法比较,受作物品种、生育期、采样部位等因子的影响较小,所以有更高的精确性。目前,该法已成功地应用在作物、林木等植物的营养诊断上,并获得了满意的结果。

4. 相对产量法

相对产量法是由美国 Bray 于 1945 年提出的,其目的是消除待测元素以外的其他因素对产量的影响。相对产量是指不施某种养分的产量占施足该养分产量(最高产量)的百分率。

相对产量法中的分级标准与生产目的、生产水平及经济状况有关,没有严格的规定,不同研究者采用的分级标准也有所不同。如美国的 Adums 提出,小于 50%为极低,50%~74%为低,75%~99%为中,100%为高;联合国粮农组织建议的分级标准是:小于80%为低,80%~100%为中,大于 100%为高;西北农林科技大学提出的分级标准为:小于 50%为极低,50%~70%为低,71%~95%为中,大于 95%为高。

5. 酶学诊断

酶学诊断是利用作物体内酶活性或数量变化来判断作物营养丰缺的方法。植物必需营养元素中不少是酶的组成成分或活化剂,当缺乏某种元素时,与该元素有关的酶活性或数量就发生变化。

酶学诊断具有以下优点:

①灵敏度高,有些元素在植株体内含量极微,常规测定比较困难,而酶测法则能解决这一问题。

②酶促反应与元素含量相关性好,如碳酸酐酶,它的活性与含锌量曲线几乎是一致的。

③酶促反应的变化远远早于形态的变异,这一点尤其有利于早期诊断或潜在性缺乏的诊断。如水稻缺锌时,播后 15 天,不同处理叶片含锌量无显著差异,而核糖核酸酶活性已达极显著差异。

④酶测法还可应用于元素过量中毒的诊断,且表现出同样的特点。

所以说酶学诊断法是一种有发展前途的诊断法。

6. 施肥诊断

施肥诊断是以施肥方式给予作物某种或几种元素，以探知作物是否缺乏某种元素的诊断方法。它可直接观察作物对被怀疑元素的反应，结果最为可靠，也用于诊断结果的检验。主要包括根外施肥法、抽减试验法和监测试验法等。

7. 物理化学诊断

物理化学诊断包括叶色诊断、分光反射率诊断、离子选择性电极诊断、电子探针诊断和显微结构诊断等方法。叶色诊断是根据作物叶片颜色来诊断作物营养状况的一种方法，它可以不破坏作物组织进行定量研究营养丰缺状况，与化学诊断相比，具有简易快速的特点；分光反射率诊断是根据叶片对电磁波中 $800 \sim 1\,200$ nm 处的反射特性表现来诊断作物的营养状况，这种诊断手段适用于群体测定；离子选择性电极诊断具有简便快速、不受有色溶液的干扰、测定范围大、精度高、被测离子和干扰离子一般不需要分离的优点；电子探针诊断分析灵敏度极高，检出限量为 $10^{-18} \sim 10^{-15}$ g，在作物营养诊断中可用来解决一般化学分析无法解决的问题；显微结构诊断是借助显微技术观察作物解剖结构的变化来判断作物营养状况的方法，但由于步骤烦琐、耗时太多、电镜观察要求设备昂贵等原因而应用不多，一般只作为诊断的一种辅助方法。

除以上诊断方法外，还有其他一些方法，如生物培养诊断、电阻抗营养诊断、示踪法和遥感技术等都可作为植物营养诊断的手段。但形态诊断和化学诊断始终在植物营养诊断中占主导地位。

(四)植物营养失调症状

作物缺乏某种元素时，一般都在形态上表现出如失绿、现斑、畸形等某些特有的症状。由于元素不同、生理功能不同、症状出现的部位和形态常有它的特点和规律。元素在植物体内移动性的难易是有差别的(表 2-1)，一些容易移动的元表如氮、磷、钾及镁等，当植物体内呈现不足时,就会从老组织移向新生组织,因此缺乏症最初总是在老组织上先出现;相反不易移动的元素如铁、硼、钙等其缺乏症几乎都由生长点或新叶部开始发生,缺硫时也从上部叶片开始黄化。而对于锰、钼、铜,大多由上部叶片开始,锌则由下部叶片开始发生缺乏症状。不过也有例外,番茄缺锌时也由下部叶片开始,而玉米缺锌则由上部叶片开始产生症状。同样,锰缺乏时大豆由上部叶片开始,而大麦则相反,由下部叶片开始产生症状。可见,不同的作物并不完全一样。又如由于生理功能的不同,其形态症状也不同。铁、镁、锰、锌等直接或间接与叶绿素形成或光合作用有关,缺乏时一般都会出现失绿现象;而如磷、硼等和糖类的转运有关,缺乏时糖类容易在叶片中滞留,从而有利于花青素的形成,常使植物茎、叶带有紫红色泽;硼和开花结实有关,缺乏时花粉发育、花粉管伸长受阻、不能正常受精,就会出现"花而不实"。而新生组织,生长点萎缩死亡,则是由缺乏细胞膜形成有关元素钙、硼使细胞分裂过程受阻碍有关。畸形小叶(小叶病)是因为缺乏锌使生长素形成不足所致等。

表 2-1　营养元素的移动性及缺素症表现部位

矿质养分种类	移动性	缺素症出现的主要部位	再利用程度
氮、磷、钾、镁	大	老叶	高
硫	较小	新叶	较低
铁、锌、铜、钼	小	新叶	低
硼、钙	难移动	新叶顶端分生组织	很低

元素的过剩往往产生对其他元素的拮抗作用,因此当一种元素出现过剩时,经常出现其他元素的缺乏症。例如,锰、铜过量,显著抑制铁的吸收,并出现缺铁症;铁、锌过量抑制锰的吸收;镍过量抑制锌的吸收;锰过量抑制铝的吸收;铵过量抑制镁和钾的吸收

等。所以,不少元素缺乏症其真正原因往往是某一元素的过剩造成的。

过剩症的发生也有一定规律,氮素过剩时叶色浓绿,作物体营养生长过旺,而其他元素过剩时均看不到生长过旺的情况,相反,会以生育障碍的形式显示过剩症状。同样也可以将这些元素分为在上部叶片产生症状的及在下部叶片产生症状的两类。在上部叶片产生过剩症的代表性例子有重金属元素过剩引起的缺铁性黄化。当重金属元素过剩存在时,在栽培基质中或根表会发生对铁的拮抗作用来抑制对铁的吸收及其在生物体内的移动,从而诱发缺铁症状。这种被诱发的缺铁症状与通常的缺铁症状相同会在新叶部发生黄化。锰、镍等易在生物体内移动的金属元素自身过剩引起的独特性斑点状过剩症在上部叶片发生较多。而由下部叶片产生过剩症状的元素中有硼、磷等,这些元素的过剩症状与前述的诱发性缺铁不同,大多数为自身过剩引起的直接性毒害,并产生相应的过剩症状。过剩症状出现的部位因元素移动性不同而存在明显差别,一般出现症状的部位是该元素容易积累的部位,这点与元素缺乏症正好相反。

营养元素的形态诊断时,必须认识该作物的营养元素失调症状。为了进一步研究和熟悉这些症状,以便在生产实践中及时发现和防治营养失调所引起的生理病害。以下将分别介绍氮、磷、钾、钙、镁、硫、硼、铁、锌、锰、铜、钼、氯营养元素缺乏或过量时所出现的异常现象,供诊断时查考。

1. 植物氮素营养失调症状

一般情况下,种植作物都需要施用数量不同的氮肥,否则作物就会出现不同程度地缺氮症状。从幼苗开始到成熟的整个生育阶段,都可能出现缺氮问题。即使是依靠根瘤菌共生固氮的豆科作物,当生长在肥力瘠薄或生荒地上时,如不施用适量氮肥和接种根瘤菌也会出现缺氮症状。

缺氮对作物地上部和根系的生长、发育都有影响。对地上部的影响比根更为明显。缺氮时，由于蛋白质形成少，细胞小而壁厚，特别是细胞分裂减少，使生长缓慢、植株矮小、瘦弱、直立；同时缺氮引起叶绿素含量降低或不能形成，使叶片绿色转淡，严重时呈淡黄色，失绿的叶片色泽均一，一般不出现斑点或花斑，叶细而直，与茎的夹角小；茎的绿色也会因缺氮而褪淡；有些作物，由于花青素的积累，叶脉和叶柄上还可出现红色或暗紫色；缺氮的作物根系比正常的根系色白而细长，但根量少，某些作物也会出现淡红色，一般情况下不出现坏死。此外，缺氮植株侧芽处于休眠状态或死亡；花和果实数量少而易早衰；籽粒提前成熟，种子小而不充实，显著影响作物的产量和品质。氮化物在植物体内有高度的移动性，能从老叶转移到幼叶再利用，因此缺氮的症状通常从老叶开始，逐渐扩展到上部叶片。下部叶片黄化后提早脱落，使植株上留存叶少。

果树供氮不足，新梢生长缓慢，枝叶稀少且细小；叶绿素含量降低，叶色褪淡，老叶黄化早衰且易脱落；枝条老化，树冠扩展受阻，树势加速衰老；花和果实均少，果实不饱满，成熟提早，产量和品质下降。多年生果树缺氮时并不立即出现症状，然而如果 2~3 年不施氮肥或施用量极少，则到第 4~5 年将会出现叶色淡绿、叶片细小的症状。出现这种症状的时候，树势已经衰退。

氮素过多促进植株体内蛋白质和叶绿素的大量形成，使叶面积增大，叶色深绿，叶片披散，相互遮荫，影响通风透光。过量的氮素虽然增强了碳水化合物的累积，但大量消耗于合成蛋白质。由于蛋白质的水合作用，使作物茎秆软弱，抗病、抗倒伏能力差。

果树氮素过多，由于蛋白质、叶绿素及其他含氮有机化合物大量合成，而纤维素、木质素、果胶酸等的合成减少，以致细胞大而壁薄，组织柔软，抗病、抗倒伏能力减弱；植株贪青，果实成熟推迟，导致减产和品质下降。施氮过多还易导致植株体内养分不平衡，容易诱发钾、钙、硼等元素的缺乏。植株过多地吸收氮素，体内容易积累氨，从而造成氨中毒。

上面介绍的是作物氮素营养失调的一般症状，需注意与缺硫症状的区别，作物缺硫时新叶先失绿黄化，而缺氮症状则从老叶开始。具体对特定作物进行氮素营养形态诊断时，必须认识该作物的养分失调主要症状。

2. 植物磷素营养失调症状

磷在体内可以移动，所以缺乏时向活动旺盛的新叶移动，故缺乏症首先出现在老叶叶柄和叶脉，逐渐向上部发展（图 2-2）。严重缺磷时在生长发育初期即出现症状，但在一般情况下，是从花芽或子粒形成期才开始出现缺磷症状。作物缺磷在形态表现上没有缺氮那样明显，但在很多方面又类似于缺氮。由于缺磷，使各种代谢过程受到抑制，植株生长迟缓、矮小、瘦弱、直立、分枝、分蘖减少；根系发育不良，成熟延迟，谷粒或果实细小，产量和品质降低；植株叶小、易脱落、色泽一般呈现暗绿或灰绿色，缺乏光泽，叶缘及叶柄

图 2-2　磷在作物体内的移动及出现缺乏症的部位

常出现紫红色。这主要是由于细胞发育不良,致使叶绿素密度相对提高,植株体内碳水化合物相对积累,形成较多的花青甙。因此,在许多作物的茎、叶上出现紫红色。当缺磷严重时,叶片枯死、脱落。许多作物对磷素需要的临界期在苗期,缺乏症状在早期就很明显。但是这种症状只有在中度缺乏以至严重缺乏时才出现,而在多数情况下,外观上并不表现缺磷症,只发生体内的潜在性缺乏,在作物产量和品质上有影响。因此,缺磷症已经出现以后,即使采取措施也很难恢复。

果树缺磷时,细胞分裂增殖受阻,生长停滞,表现为株型矮小,分枝减少;叶变小变狭,叶色暗绿且无光泽,严重时常因积累较多的花青素而呈紫红色。

虽然在植株上出现暗紫色是缺磷时一般具有的叶色特征。但值得注意的是有些品种表皮细胞含有紫色色素,而不是由于缺磷。有时缺磷还会出现叶片卷曲、叶缘焦枯等症状。此外,在酸性土壤上缺磷,植株体内还可能存在铁、锰、铝中毒的情况,因此表现的症状就较复杂。

磷过量对作物生长发育直接的不良影响在生产上较为少见,作物一般不出现磷过剩症。磷肥过多会阻碍硅的吸收,使某些作物易患病害,同时水溶性磷酸盐可与土壤中锌、铁、镁等营养元素形成溶解度小的化合物,降低上述元素的有效性,因此,作物因磷素过多而引起的病症,通常以缺锌、缺铁、缺镁等失绿症表现出来。

3. 植物钾素营养失调症状

钾在植物体内细胞液中,是以离子形式存在,它可以促进碳水化合物的合成。当叶片合成的碳水化合物,以蔗糖为主要形式向子粒运输时,钾起运糖的作用。作物体内的各部位都含有钾,尤其在生长旺盛的根尖及新梢中钾的积累多,老叶则含钾少。在作物体内,钾是易于移动的元素。

作物缺钾在我国南方酸性土壤、沙土以及某些施用氮肥较多的高产地区易于出现。其症状往往根据缺乏的程度而不同。虽然缺钾也会引起生长迟缓，但只有在严重缺钾时表现显著。缺钾的主要特征（图 2-3）通常是老叶和叶缘发黄，进而变褐，焦枯似灼烧状。叶片上出现褐色斑点或斑块，但叶中部、叶脉和靠近叶脉处仍保持绿色，随着缺钾程度的加剧，整个叶片变为红棕色或干枯状，坏死脱落。有的作物叶片是青铜色，向下卷曲，叶表面叶肉组织凸起，叶脉下陷。根系受损害最为明显，短而少，易早衰，严重时腐烂，使作物产生根际倒伏。但不同作物上缺钾症状也有特殊性。

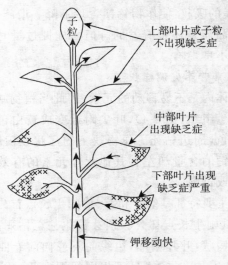

图 2-3　钾在作物体内的移动及出现缺乏症的部位

　　缺钾的表现形式可分为两大类。一类是生长衰退，幼叶萎缩，老叶先端变黄，其叶缘又逐渐黄化。这种黄化可扩展到叶片内部，黄化的叶缘变褐色，组织坏死，呈烧焦状。黄化部分和绿色部分界限分明，而且黄化部分褐变。这种症状首先出现在老叶。另一类是出现于麦类、禾本科牧草及三叶草等植物的白斑症。这种症状在绿叶中是以鲜明的白色或灰白色斑点形式出现,也易发生于老叶。初期白斑鲜明,严重时白斑连成一片,老叶即枯死。这些缺钾症状,在生长初期出现较少,到幼穗形成期、灌浆期或者果实膨大期易于出现。

果树缺钾时,植株矮小,老叶的叶尖及边缘发黄,进而变褐直至干枯并呈烧灼状。与此同时,黄化向脉间扩展,发生褐色斑点,结果不良,产量和品质下降。

钾过量对作物生长发育直接的不良影响生产上颇为罕见,作物可以过量吸收钾,但一般不会出现过剩症状。作物吸收钾过剩,可能抑制钙、镁的吸收,使作物钙镁含量下降。增施钾肥对提高一些作物的农产品质量还是有益的。但当施钾过量时,会对部分水果的品质产生不良影响。

4. 植物钙素营养失调症状

钙在植物体内是不易移动的元素,因此当植物缺钙时,缺钙症状常发生在新生组织(图 2-4),叶尖附近变成黄白色并停止生长,而后逐渐变褐色,周边枯死。作物缺钙的症状在田间条件下不易见到。土壤中钙的含量却左右其他营养元素的有效性,并影响其他养分的缺乏或过剩。

作物缺钙主要特征是幼叶和茎、根的生长点首先出现症状,轻则呈现凋萎,重则生长点坏死。顶芽黄化甚至枯死;幼叶变形,叶尖往往出现弯钩状,叶片皱缩,边缘向下或向前卷曲,新叶抽出困难,叶尖相互粘连,有时叶缘呈不规则的锯齿状,叶央和叶缘发黄或焦枯坏死;根尖坏死,根系细弱,根毛发育停滞,伸展不良;不结实或少结实,果实顶端易出现凹陷状黑褐色坏死;植株矮小或簇生状,早衰、倒伏。不同作物缺钙症状各异。

果树缺钙时,一般表现为生长点受损,根尖和顶芽生长停滞,根系萎缩,根尖坏死;幼叶失绿、变形,常出现弯钩状,叶缘卷缩、黄化,严重时,新叶抽出困难,甚至相互粘连,或叶缘呈不规则锯齿状

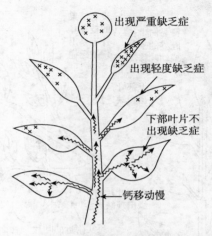

出现严重缺乏症

出现轻度缺乏症

下部叶片不
出现缺乏症

钙移动慢

图 2-4 钙在作物体内的移动及出现缺乏症的部位

开裂,出现坏死斑点;果实品质变差,不耐储藏。各种果树缺钙症状各异。

钙营养过剩症尚未见报道,这可能是土壤钙过多时,会引起土壤中磷、铁、锰、锌、铜等元素的降低或吸收被抑制,造成这些元素的缺乏,因而掩盖了钙过量症状而不易被人们察觉。

5. 植物镁素营养失调症状

镁在植物体内和磷一同向生长旺盛的幼芽或子粒移动,因此,缺乏症首先出现在老叶(图 2-5)。而且在生长发育初期不出现缺乏症,而生长发育进行到一定程度,到果实或子粒膨大的时期,因为大量的镁向果实、子粒移动,所以此时如果根吸收的镁少,就会出现缺乏症。

在我国红壤地区由于交换性镁含量较低,在某些对镁敏感的作物上有时会出现缺镁的特征,在叶片上表现特别明显,首先出现在中下部叶片,然后逐渐向上发展。由于镁是叶绿素的组成分,缺镁时叶片通常失绿,开始于叶尖端和叶缘的脉间色泽褪淡,由淡绿

图 2-5 镁在作物体内的移动及出现缺乏症的部位

变黄再变紫,随后便向叶基部和中央扩展。但叶脉仍保持绿色,在叶片上形成清晰的网状脉纹。脉间黄化,若继续扩展,则呈褐色坏死并落叶。缺镁症只出现于叶片,其他器官不出现异常。缺镁症状在一年生作物上,一般在植物生长后期出现。有时也可在苗期出现,在雨季表现较明显。

果树缺镁多发生在结果期,首先在较老的叶片,脉间出现褪绿斑点,然后扩大到叶缘,随之病斑变为黄色或褐色,早期落叶,褪绿也会蔓延到枝条上部的叶片。通常结果多的树上缺镁病症较严重,果实不能成熟并早落。

缺钾时,叶缘黄化并出现褐色枯死,而且黄化部分和深绿色部分界限分明。与此相比,缺镁症除了叶脉保持绿色之外,全部黄化。植物在田间一般不会出现镁过剩症状,但当土壤 Mg/Ca 比值过高时,会阻碍作物生长。

6. 植物硫素营养失调症状

植物硫营养失调症以硫营养缺乏症为主。缺硫的症状类似于缺氮的症状,失绿和黄化比较明显。但这种失绿现象出现的部位不同于缺氮,缺氮时是从叶片的先端开始黄化,而缺硫时是整个叶片黄化。特别是双子叶植物的缺硫,植株顶部的叶片失绿和黄化较老叶明显,有时出现紫红色斑块。极度缺乏时,也出现棕色斑点。一般症状为植株矮,幼芽生长受抑、黄化,新叶失绿呈亮黄色,一般不坏死。中下部叶片叶绿素含量降低,叶色褪淡发黄,有时可出现紫红色。叶细小,叶片向上卷曲,变硬,易碎,提早脱落;茎生长受阻滞,僵直,茎、枝细而短,并木栓化;开花迟,结果和结荚少。

果树缺硫时,新生叶片失绿黄化,严重时产生枯梢,果实小而畸形,色淡、皮厚、汁少。不同果树的缺硫症状不同。果树受二氧化硫危害时,叶片多呈白色或褐色。

作物对硫的过量吸收一般不发生直接的毒害作用,但土壤还原条件强烈时,SO_4^{2-} 还原为 S^{2-},后者形成硫化氢,对作物根系及地上部产生毒害作用。另外,空气中 SO_2 浓度过高会对植株地上部产生毒害,且主要由工业污染所致。

7. 植物硼素营养失调症状

植物缺硼时由于细胞壁的果胶形成受阻,输导组织被破坏,体内养分移动缓慢,而且钙向新组织的移动受阻,使顶芽中心部的细胞液呈酸性,细胞分裂旺盛的部位变黑枯死。因此,其缺乏症首先是茎的生长点停止发育(图 2-6),在下部产生许多侧枝呈丛生状,这些新枝顶端又相继枯死。接着叶片出现水浸状斑点,叶柄及茎变得脆弱,花芽形成及花粉生成受阻,出现花而不结实。

作物缺硼主要表现在生长点受到影响,如根尖、茎尖的生长点

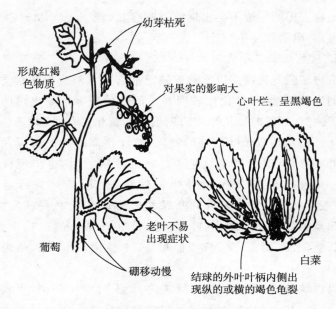

幼芽枯死

形成红褐色物质

对果实的影响大

心叶烂，呈黑竭色

老叶不易出现症状

葡萄

硼移动慢

白菜

结球的外叶叶柄内侧出现纵的或横的竭色龟裂

图 2-6　硼在作物体内的移动及出现缺乏症的部位

停止生长。严重时茎尖生长点萎缩而死亡，侧芽大量发生，枝条簇生，枝扭曲畸形，茎基部膨大；根尖死亡后又长侧根，侧根再次死亡，使根系形成短茬根；叶片肥厚，粗糙，发皱卷曲，呈现失水似的凋萎，以及出现失绿的紫色斑块，叶柄和茎变粗，厚或开裂易折。缺硼时，繁殖器官受影响最明显，开花结实不正常，花粉畸形，蕾、花和子房易脱落，果实种子不充实；严重时见蕾不见花，或见花不见果，就是有果也是秕粒多，花期延长。

　　果树缺硼的基本症状：新梢叶片黄化，枯枝增加；开花、结果少，产量锐减，品质下降，外观商品质量变劣。

　　作物硼中毒时，叶缘出现黄化，进而褐变，叶片扭曲皱缩。果树硼过剩症主要表现在叶片上，但不同果树差别较大。

8. 植物铁素营养失调症

在石灰性土壤或 pH 比较高的土壤上,特别是盐土,常可发现多年生的木本和草本植物以及农作物的缺铁失绿症。缺铁在我国北方较为常见,与钙一样,铁在作物体内也不易移动(图 2-7),又是叶绿素形成不可或缺的元素。因此,缺铁的症状主要表现为顶端或幼嫩部位失绿,失绿初期叶脉仍保持绿色,随着缺铁的加重,叶片由浅绿色变为灰绿,在某些情况下,叶片出现棕色斑点。严重缺铁时,整个叶片枯黄、发白或脱落,甚至出现整株叶片全部脱落的现象,嫩枝条易于死亡,植株顶枯。

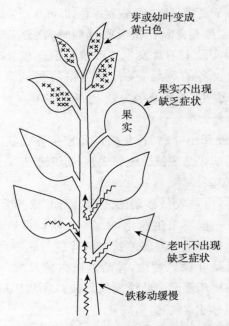

芽或幼叶变成
黄白色

果实不出现
缺乏症状

老叶不出现
缺乏症状

铁移动缓慢

图 2-7 铁在作物体内的移动及出现缺乏症的部位

果树铁营养缺乏症是最常见的营养障碍之一。北方的苹果,南方的柑橘,以及葡萄、梨、桃树等果树上均有缺铁失绿黄化症的发生,其一般症状为:新梢叶片失绿,在同一病枝(梢)上的叶片,症状自下而上加重,甚至顶芽叶簇几乎漂白;叶脉常保持绿色,且与叶肉组织的界限清晰,形成鲜明的网状花纹,少有污斑杂色及破损。严重缺铁时,白化叶持续一段时间后,在叶缘附近也会出现烧灼状焦枯或叶面穿孔,提早脱落,呈枯梢状;着果稀少甚至不着果,果形变小,色淡无味,品质低劣。不同果树缺铁症状不尽相同。

缺铁和缺锰症状相似,不易区分。不过,缺铁时整个新叶呈白色,而缺锰时脉间呈淡绿色,所以仔细观察就能辨别。为了确认是否缺铁,可在出现缺乏症的叶片上喷 0.1％的硫酸亚铁,或把它用毛笔涂在叶片上,到第 5～6 天处理部位如果恢复绿色,即可诊断为缺铁。

铁的过剩主要是亚铁。铁吸收过剩时,就会阻碍磷和锰在体内的移动,然而实际上不易发生铁吸收过剩。在含硫量高的酸性土壤中常富有较多的硫酸亚铁,或当作物受到湿害时,二价铁(Fe^{2+})在体内过剩并累积在节等处,影响磷的移动。

9. 植物锌素营养失调症

人们早就发现小叶病、黄化病以及簇生等症状与锌素营养有关,玉米的白苗病也是缺锌的一种表现,近几年来关于水稻缺锌症状国内外都有很多报导。

锌在植物体内是较易移动的元素,因而,缺锌多出现在中、下位叶,而上位叶一般不发生黄化(图 2-8),缺锌可造成植物体内生长素含量下降,抑制了节间的伸长。缺锌症与缺钾症类似,二者的主要区别:缺钾是叶缘先黄化,并渐渐向内侧发展;而缺锌是全叶黄化,并由叶的中部逐渐向叶缘发展。缺锌症状严重时,生长点附近节间短缩,植株叶片硬化。

锌影响生长素的形成,因此缺锌植株矮小,节间短簇,叶片扩展和伸长受到阻滞,出现小叶,叶缘常呈现扭曲和皱褶状。中脉附近首先出现脉间失绿,并可能发展成褐斑、组织坏死。一般症状最先表现在新生组织上,如新叶失绿呈黄绿或黄白色,生殖生长受

缺乏症在顶端叶片出现明显，逐渐遍及所有叶片

果实

老叶上的症状不明显，难以与缺锰症区别

图 2-8　锌在作物体内的移动及出现缺乏症的部位

阻，生长发育推迟，果实小，根系生长差。各类作物的共同症状是脉间出现明显的黄色斑纹，与叶脉的绿色形成强烈的对比。

　　果树锌素失调症最常见的是缺乏症。果树缺锌上部新叶脉间失绿黄化，新生枝梢节间缩短，小叶密生，小枝丛生而成簇状。果树中如苹果、柑橘、桃树等，在缺锌时除叶片失绿外，在枝梢顶端易出现小叶丛生，生长呈"莲座状"，叶片斑驳或称"花叶病"。严重时枝条死亡。在我国北方的苹果，南方的柑橘都发现有缺锌症。

　　植物锌中毒的症状为叶片黄化，进而出现赤褐色斑点。果树如果锌素过量，植株幼嫩部分或顶端的叶片表现失绿，呈淡黄色或灰白色。锌过量还会阻碍铁和锰的吸收，有可能诱发缺铁或缺锰。

10. 植物锰素营养失调症状

锰在作物体内移动缓慢,植物缺锰,首先是幼嫩叶片失绿发黄(图 2-9),但叶脉和叶脉附近保持绿色,脉纹较清晰,叶片变薄易呈下披状。严重缺锰时叶面发生黑褐色的细小斑点,并逐渐增多扩大,散布于整个叶片。有些作物的叶片可能发皱卷曲或凋萎,植株瘦小,花的发育不良。根系细弱。

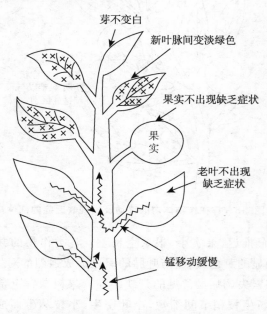

芽不变白

新叶脉间变淡绿色

果实不出现缺乏症状

果实

老叶不出现缺乏症状

锰移动缓慢

图 2-9 锰在作物体内的移动及出现缺乏症的部位

果树缺锰新叶脉间失绿,呈淡绿色或淡黄绿色,叶脉仍保持绿色,但多为暗绿色,失绿部分有时会出现褐斑,严重时失绿部分呈苍白色,叶片变薄,提早脱落,形成秃枝或枯梢;根尖坏死;坐果率降低,果实畸形等。

锰过剩引起植株中毒的症状表现为老叶边缘和叶尖出现许多焦枯的棕褐色小斑点,并逐渐扩大,有时叶缘黄白化或嫩叶上卷;

根系褐变坏死。锰过剩还会抑制钼的吸收,诱发缺钼。果树锰过剩的基本症状:功能叶叶缘失绿黄化甚至焦枯,呈棕色至黑褐色,提早脱落。

11. 植物铜素营养失调症状

铜在植株体内不易移动。缺铜时生长瘦弱,新生叶失绿发黄,叶片畸形,呈凋萎干枯状,叶尖发白卷曲,叶缘黄灰色,叶片上出现坏死的斑点,易枯死;分蘖或侧芽多,呈丛生状;繁殖器官的发育受阻。

果树缺铜一般表现为幼叶褪绿、坏死、畸形和叶尖枯死;枝条弯曲,长瘤状物或斑块;甚至会出现顶梢枯死,并逐渐向下发展,侧芽增多;树皮出现裂纹,并分泌出胶状物,呈水疮状皮疹,称"郁汁病"或"枝枯病";果实小,果实变硬,有时开裂,严重时果树死亡。

作物铜中毒的主要症状为根系伸长及新根生长严重受阻,须根的根尖变粗而短,褐变畸形,先端枯死,出现"鸡爪根";叶片黄化并有褐斑。果树铜中毒主要表现为根系生长受阻,侧根变短;新叶失绿,老叶坏死,叶柄和叶背面有时呈紫色。铜过剩还会阻碍铁的吸收,有时会出现缺铁症状。

12. 植物钼素营养失调症状

植物钼营养失调症在生产上很少发生。植物缺钼所呈现的症状有两种:一种是脉间叶色变淡、发黄,类似于缺氮和缺硫的症状,但缺钼时叶片易出现斑点,边缘发生焦枯并上卷成杯形,由于组织失水而呈萎蔫。一般老叶先出现症状,新叶在相当长时间内仍表现正常。定型的叶片有的尖端有灰色、褐色或坏死斑点,叶柄和叶脉干枯。另一种是十字花科植物常见的症状,即表现叶片瘦长畸形,螺旋状扭曲,老叶变厚,焦枯。

不同作物的缺钼症有些区别,典型的症状为老叶或中叶出现黄绿色或淡橙色斑点,叶片向内弯曲呈杯状。严重时,淡绿色斑点转变为褐色,叶缘枯死。豆科作物对钼特别敏感,缺钼严重地影响根瘤生长发育,形小,呈灰白色或棕色,固氮活性显著下降;叶色褪淡,叶片上出现很多细小的灰褐色斑点,叶片变厚发皱,叶缘上卷,形成杯状叶。豆科作物的根瘤中含钼约为茎叶中含量的 10 倍,钼在根瘤菌固定游离氮过程中起着重要的作用。

大多数农作物吸收土壤中的硝态氮,把它还原为氨,再合成蛋白质。钼是其还原过程中的酶的主要组成成分,因此,缺钼时,作物体内硝酸盐积累,引起毒害。钼、磷、硫三元素之间存在着相互影响、相互制约的作用。钼、磷、硫同时缺乏时,农作物表现缺磷和缺硫的症状,而不出现缺钼的症状。当满足磷肥以后,植物吸钼能力加强,则易出现缺钼症状。而施用硫肥以后,也容易出现缺钼症状。

植物对钼含量的忍耐量较大,所以很少发生钼过剩症。

13. 植物氯素营养失调症状

氯在植物体内主要存在于茎、叶柄等处,易移动,并且能够促进碳水化合物的移动。氯在作物体内的含量与磷、硫相似。

作物缺氯的典型症状是叶缘萎蔫,叶片失绿、凋萎并提早脱落;根伸长强烈受阻,根细而短,侧根少;生长不良,严重时整株枯死。

实际上,氯过多是生产中的一个问题。土壤中含氯化物过多时,对某些作物是有害的,常常出现中毒症。氯中毒的症状:叶缘似烧伤,早熟性发黄及叶片脱落。在通常情况下,氯的危害虽不会达到出现可见症状的程度,但却会抑制作物生长,并影响产量。对某些作物来讲,施用含氯肥料有时会影响产品的品质。大多数作物对氯中毒有一定的敏感期。通常中毒发生在某一较短的时期内,而且有时症状仅发生在某一叶层的叶片上。敏感期后,症状趋于消失,生长也能基本恢复正常。

二、果树虫害基础

(一)昆虫的形态特征与发育

昆虫种类繁多,外形千差万别,但其基本结构却是一致的。识别昆虫的基本结构和形态特征,对于认识昆虫、利用益虫和控制害虫是十分必要的。

1. 昆虫的形态特征

昆虫属节肢动物门昆虫纲。节肢动物门包括甲壳纲(虾、蟹)、多足纲(蜈蚣)、重足纲(马陆)、蛛形纲(蜘蛛、蝎子)和昆虫纲,均为身体左右对称,体躯由一系列体节组成,某些体节上着生成对分节的附肢,皮肤硬化成外骨骼。昆虫纲一般有以下特征:

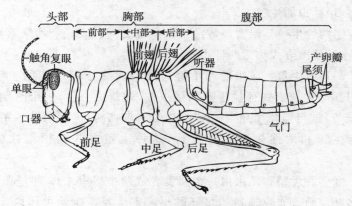

图 2-10　昆虫(蝗虫)体躯侧面图

①成虫体躯明显地分为头、胸、腹三个体段。

②头部有口器和 1 对触角,通常还有复眼和单眼。

③胸部有 3 对胸足,一般还有 2 对翅。

④腹部多由 9～11 个体节组成,末端生有外生殖器,有时还有

1 对尾须(图 2-10)。

⑤在生长发育过程中要经过一系列内部器官及外部形态上的变化,才能转变为成虫。

附:螨类的特征

①躯体分段不明显,没有头、胸、腹节之分。

②无翅。

③一般具有 4 对足。

④个体比较小。

2. 昆虫的繁殖与发育

我们认识昆虫,需要了解昆虫的繁殖、发育、变态、习性和年生活史等个体发育史方面的内容。下面介绍昆虫生命特性方面的知识,只有掌握了昆虫的个体发育规律,才能科学地保护益虫,消灭害虫。

(1)昆虫的生殖方式

①两性生殖　绝大多数昆虫由雌雄交配、受精、产卵来繁殖后代,这种繁殖方式称为两性生殖,也叫卵生。

②孤雌生殖　昆虫的卵不经过受精发育成新个体的生殖方式叫孤雌生殖。在孤雌生殖的昆虫中,如蚜虫一生,一个时期(生长季节)进行孤雌生殖,一个时期(冬季来临前)进行两性生殖,即孤雌生殖和两性生殖交替进行,这种生殖方式叫周期性孤雌生殖。

③多胚生殖　昆虫由一个卵发育成两个以上个体的生殖方式叫多胚生殖。如膜翅目的多胚跳小蜂寄生豆夜蛾幼虫体内,一个寄主中最多羽化 2 201 头。多胚生殖的寄生蜂,由于后代数量过大,一般死亡率较高。

④卵胎生　昆虫的卵在母体发育成幼虫后产出体外的生殖方式叫卵胎生,如蚜虫和一些蝇类。

（2）昆虫的变态

昆虫从卵孵化到成虫的生长发育过程中,要经过一系列外部形态和内部器官的变化才能转变为成虫,这种现象叫变态。根据昆虫个体发育过程中成虫期和幼虫期发育的特点,可将变态分为两大类:

①不完全变态　不完全变态类型昆虫只具有三个虫态,即卵、幼虫(若虫或稚虫)、成虫(图 2-11)。若虫期和成虫期差异不大,只是个体大小、翅及生殖器发育程度有差别,典型的不完全变态常见于直翅目、同翅目、半翅目,如蝗虫、蚜虫、蝽象等。

②完全变态　全变态类型昆虫具有四个虫态,即卵、幼虫、蛹、成虫(图 2-11)。幼虫和成虫在形态和习性上完全不同,因而需要一个过渡的虫期,即蛹期,以使幼虫的器官、构造消失或退化,同时形成成虫的构造,属于全变态类型的昆虫如鳞翅目、鞘翅目、膜翅目等。

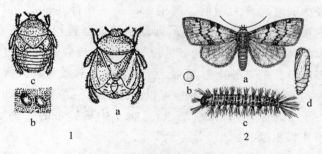

图 2-11　昆虫主要变态类型

1. 不完全变态(蝽象)　a. 成虫　b. 卵　c. 若虫

2. 完全变态(核桃瘤蛾)　a. 成虫　b. 卵　c. 幼虫　d. 蛹

（3）昆虫的生长发育

昆虫的个体发育分为两个阶段:第一阶段在卵内发育,从卵产出到孵化止,称为胚胎发育;第二阶段从卵孵化后开始到成虫性成熟止,称为胚后发育。昆虫胚后发育的特点是生长伴随着变态和

脱皮。昆虫整个生长发育过程包括卵期、幼虫期、蛹期、成虫期四个时期,各个时期的特点如下:

①卵期 昆虫从卵产下至卵孵化所经历的时间叫做卵期。卵期属于胚胎发育时期,是一个不活动的时期。

②幼虫期 胚胎发育完成后,幼虫从卵中破壳而出的过程称为孵化。昆虫从孵化到化蛹(完全变态)或成虫(不全变态)所经历的时间,称为幼虫期。幼虫期的特点是取食、生长和脱皮。从卵孵化出来的幼虫,称为 1 龄幼虫,经过第一次脱皮的幼虫称为 2 龄幼虫,以此类推。两次脱皮之间的时间称为龄期。大部分鳞翅目昆虫的幼虫是主要的危害虫态,3 龄前害虫抗药性差,进行防治可收到事半功倍的效果。防治过晚,害虫抗药性增强,防治效果往往不理想。

③蛹期 由幼虫转变为蛹的过程称为化蛹。从化蛹到成虫羽化所经历的时间称为蛹期。蛹期表面是一个静止的时期,实质上其体内进行着激烈的转化过程,即幼虫的旧器官构造消失或退化,成虫新器官重新形成,全变态昆虫幼虫变为成虫必须经过一个静止的蛹阶段。蛹是静止的,不能活动,容易受到敌害和外界不良环境条件的影响。利用这一习性可以用来防治一些害虫。如棉铃虫以蛹在土中越冬,实行深耕晒土,可将土中棉铃虫的蛹暴晒致死,达到杀死害虫的目的。

④成虫期 昆虫由若虫或蛹最后一次脱皮变为成虫的过程称为羽化。成虫是昆虫个体发育的最后一个虫态,这个时期的主要任务是交配、产卵和繁殖后代。成虫从第一次产卵到产卵终止的时期称为产卵期。在成虫期,有些昆虫进入成虫期后性器官尚未成熟,还需要继续取食增加营养来完成生殖器官的发育,这种对成虫性成熟不可缺少的营养称为补充营养。利用一些昆虫补充营养的特点,人工设置糖醋液诱杀害虫,对于预测预报和防治害虫具有一定的实际意义。

有些昆虫除了雌雄生殖器官不同外,在形态上还有其他差异,表现在触角形状、身体大小、颜色等方面,如小地老虎成虫雄蛾为发达的羽毛状触角,而雌蛾为线状触角,这种现象叫雌雄二型(图2-12)。

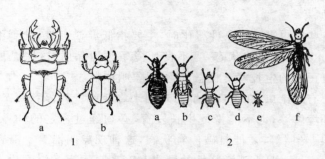

图 2-12 雌雄二型与多型现象

1. 雌雄二型(锹型虫) a. 雄虫 b. 雌虫

2. 多型现象(白蚁) a. 蚁后 b. 生殖蚁若虫 c. 兵蚁

d. 工蚁 e. 工蚁若虫 f. 有翅生殖蚁

还有些昆虫,同一种昆虫具有两种以上不同类型的个体,这种现象称为多型现象。如白蚁、蚂蚁、蜜蜂等。

(4)昆虫的世代和年生活史

①世代与世代重叠 昆虫由卵开始到成虫性成熟繁殖后代的个体发育史,称为一个世代。昆虫可以一年发生一代,也可以一年发生多代,有的多年发生一代。有些一年发生多代的昆虫,由于成虫期和产卵时间很长,后代个体发育不整齐,世代之间无法划分清楚,同一时期可以见到一个世代不同的虫态或不同世代的昆虫,这种现象叫世代重叠。如蚜虫、菜蛾等,常有几代同时共存的现象。

②年生活史 一种昆虫在一年内发生的世代数及其生长发育的过程,即由当年越冬虫态开始活动,到第二年越冬结束止一年内的发育史,称为年生活史(简称生活史)。年生活史包括一年内某

种昆虫发生的世代数、各代历期及发生的时间、各虫态的数量变化规律、越夏和越冬场所等内容。

③休眠与滞育　昆虫在一年的生活中,经常有一段不吃不动、停止生长发育的时期,这种现象叫停育。昆虫停育包括休眠和滞育两种。

有些昆虫当环境条件恶化时,主要指低温或饥饿,处于不食不动、停止生长发育的状态,当不良环境条件消除后,这些昆虫就可以恢复正常的生长发育状态,这种现象叫休眠。

还有些昆虫,在不良环境尚未到来之前就进入停育状态,即使不良环境解除,也不能恢复生长发育,必须经过一定的外界刺激,如低温、光照等,才能打破停育状态,这种现象叫滞育。滞育具有遗传稳定性。具有滞育特性的昆虫都有各自固定的滞育虫态。如玉米螟只以老熟幼虫滞育。

引起休眠的主要环境因素是温度和湿度,很多昆虫在水分不足的情况下也会引起休眠。冬季低温引起越冬,夏季高温有些昆虫进入越夏。引起休眠的原因主要是由外因决定的,当不良环境解除后,休眠即可以解除。滞育主要是由内因(种的遗传性)引起的,光周期(一天内的光照时数)是引起滞育的信号,光周期主要是通过光照的长短变化对昆虫的滞育起信号作用,通过调控昆虫体内脑激素的变化,引发滞育的发生。了解昆虫休眠和滞育的原因和规律,对于准确预测预报害虫发生期,有效指导防治有一定的指导意义。

(5)昆虫的主要习性

①食性　昆虫在长期演化过程中所形成的各自特殊的选择取食对象的习性叫食性。了解昆虫的食性对指导害虫防治有一定的指导意义。如了解昆虫的取食对象,就可以知道哪些昆虫是益虫,哪些昆虫是害虫。按照昆虫食物范围的不同,可将昆虫的食性分为:

单食性　只取食一种动植物，也叫专食性，如葡萄天蛾只取食葡萄。

寡食性　指昆虫只取食一科或近缘科的动植物，如菜粉蝶只取食十字花科植物。

多食性　指昆虫可取食多种或多科的动植物，如菜螟、蝗虫、美洲斑潜蝇等。

②趋性　昆虫接受某种外界刺激后所做的定向运动叫趋性。趋性表现为昆虫对环境条件的选择性，是物种在长期适应环境过程中形成的本能。根据趋性反应的特点，分为正趋性和负趋性两种，趋向刺激源的叫正趋性，反之为负趋性。

根据刺激源性质的不同，趋性主要可分为以下类型：

趋光性　指昆虫对光源的趋性反应，大部分昆虫，特别是夜出活动的昆虫，如蛾类、金龟子、蝼蛄、叶蝉、飞虱等对光源都有很强的正趋性。有的昆虫，主要是生活在黑暗环境条件下的昆虫，如臭虫、蟗螂等，对光表现为负趋性，即背光性。

趋化性　指昆虫对一定化学物质刺激所产生的反应，有趋有避，对昆虫的生活有重要的影响。如菜粉蝶对十字花科蔬菜产生的芥子油有强烈的趋性；有些昆虫，如小地老虎、甘蓝夜蛾对糖醋液有较强的趋性；有些雄虫对雌虫产生的性激素有较强趋性。利用昆虫对这些化学物质的趋性特点，可以制成糖醋诱杀液、性引诱剂来诱杀害虫。

了解昆虫的趋性特点可以帮助我们对虫情进行测报和指导对害虫的防治。

③假死性　某些昆虫受到刺激后，对一切运动表现出反射性抑制，这种现象叫假死性。如金龟子受到振荡后，足、翅突然收缩，落于地面，不动不食。利用这一特点，可以用振落法来防治一些害虫，如可以用摇晃树枝的方法防治金龟子等害虫。

④群集性与迁移性　同种昆虫大量个体高密度聚集在一起的现

象叫群集性,根据昆虫聚集在一起的性质不同,分为群集和群栖两种。

有些昆虫如蚜虫,常固定在一定部位取食,繁殖力较强,活动范围较小,能在一定空间和时间内集中大量个体,以获得最优的生活条件,过一段时间后就分散了。群集的个体之间不存在必需的依赖关系,这种现象叫群集,也叫临时性群集。

群栖(也叫永久性群集)与群集不同,群栖现象常与昆虫群体向其他新的地区迁移有关,是某些昆虫固有的生物学特性之一,如东亚飞蝗就有群栖习性。

当某种昆虫在一定的空间内短时间聚集大量的同种个体,由于食料不足,或活动空间不足,造成部分群集个体向外扩散的现象叫昆虫的迁移性,如蚜虫。与上述条件相同,如果大量个体外出寻找适合自己新环境的现象叫迁飞,如东亚飞蝗。

(二)昆虫的分类

昆虫是动物界中种类繁多的一个类群,已经命名的有一百多万种。昆虫的形态千差万别,识别困难。昆虫分类是识别昆虫的基础,昆虫分类就是通过分析、比较、归纳、综合的方法,将种类繁多的昆虫分门别类,由简单到复杂、由低级到高级、由远缘到近缘地反映出它们内在的亲缘关系。

1. 昆虫分类的依据

生物界分为界、门、纲、目、科、属、种七个基本阶元。昆虫是动物界节肢动物门中的一个纲——昆虫纲。昆虫种间形态差异比较明显,观察比较方便,昆虫分类和鉴定主要以形态学为依据。昆虫翅的质地、形状和对数,口器、触角、足及腹部附肢和变态类型的变化是分类的重要依据。昆虫的命名采用双名法,在国际上有统一的规定,用拉丁文书写,由属名和种名共同组成。昆虫的种是昆虫分类的基本单位。

2. 园艺昆虫主要目、科的分类特征

多数人认为昆虫分为 33 目为宜,33 目昆虫中有 8 目与园艺植物生产关系密切(表 2-2)。

表 2-2　昆虫目及重要科形态特征介绍

目的名称	变态类型	目的形态特征				重要科形态特征		代表昆虫
		口器	翅	足	其他特征			
直翅目	不全变态	咀嚼式	前翅革质,后翅膜质(覆翅)	后足是跳跃足或前足是开掘足	前胸背板发达,多呈马鞍形;多有听器(腹听器或足听器)	蝗科	听器位于腹部第一节两侧;产卵器呈短瓣状;触角比身体短;后足为跳跃足(图 2-13)	东亚飞蝗
						蝼蛄科	前足开掘足;前翅短小,后翅突出体外,呈尾状;无听器;触角比身体短(图 2-13)	非洲蝼蛄
鳞翅目	全变态	虹吸式,喙卷曲,下唇须发达,3 节	鳞翅 2 对,膜质,各具一个封闭的中室	步行足	体和翅具鳞片和毛;腹部 10 节,无尾须	粉蝶科	翅多白、黄色;前翅 A 脉 1 条,后翅 A 脉 2 条(图 2-14)	菜粉蝶
						夜蛾科	翅色多灰暗,常具斑点及条纹;前翅 M_2 基部接近 M_3 而远离 M_1,后翅 $S_C + R_1$ 脉与 R_S 脉在近基部有短距离愈合(图 2-14)	棉铃虫

续表 2-2

目的名称	目的形态特征					重要科形态特征		代表昆虫
	变态类型	口器	翅	足	其他特征			
鞘翅目	全变态	咀嚼式	前翅角质（鞘翅），后翅膜质或无	步行足、开掘足或游泳足	复眼发达，一般无单眼；无尾须	步甲科	头前口式；前胸背板比头宽；触角 11 节，丝状；后足步行足	金星步甲
						金龟甲科	触角鳃叶状，8～11 节；跗节 5 节（图 2-15）	东北大黑鳃金龟
						叩头虫科	触角锯齿状或栉齿状；前胸背板两后角常尖锐突出；前胸腹板后方有突出物，嵌在中胸腹板的凹陷内；跗节 5 节	细胸金针虫
膜翅目	全变态	咀嚼式或嚼吸式	翅 2 对，膜质，前后翅以翅钩列连接	步行足或携粉足	腹部第一节多向前并入后胸，腹部第二节常细小呈腰状；雌虫一般有锯状或针状产卵器；触角多为丝状	叶蜂科	身体粗短；触角丝状；有明显翅痣；前足胫节有 2 端距；产卵器距状	菜叶蜂
						茧蜂科	体小形，触角丝状，多节；仅有第一回脉，无第二回脉，多无小室或极不明显；翅面上有花纹（图 2-16）	粉蝶小茧蜂

续表 2-2

目的名称	目的形态特征					重要科形态特征		代表昆虫
	变态类型	口器	翅	足	其他特征			
双翅目	全变态	舐吸式或刺吸式	前翅1对，膜质，后翅为平衡棒	胸足3对，跗节5节	触角变化大，蝇类为具芒状，蚊为丝状，虻类末端分为若干小亚节或具端刺	食蚜蝇科	中至大形；体具色斑；一部分翅脉与外缘平行；R与M脉间具一伪脉（图2-17）	凹带食蚜蝇
						潜蝇科	体小形；无腋片，C脉有一处中断，S_C脉退化或与R_1脉合并；或仅在基部与R_1分开；具口鬃；第二基室与臀室均小；腿节具刚毛	豌豆潜叶蝇
半翅目	不全变态	刺吸式，具分节的喙	前翅基半部革质，端半部膜质	步行足	前胸背板和中胸小盾片发达，腹部腹面具臭腺	蝽科	触角5节，单眼2个；喙4节；前翅分为革片、爪片、膜片3部；膜片上具多条纵脉，多发自一基横脉（图2-18）	菜蝽
同翅目	不全变态	刺吸式，具分节的喙，出自前足基节间	前翅质地相同（全为膜质或全为革质）	多为步行足	通常2对翅，也有1对和无翅的	叶蝉科	体小至中形；触角短，刚毛状，着生于两复眼间；单眼多2个；后足胫节下方有两列刺状毛（图2-19）	黑尾叶蝉
						蚜科	有翅或无翅；触角3～6节，鞭状；喙3节；腹部近末端具一对腹管；腹末端具尾片	瓜蚜

续表 2-2

目的名称	目的形态特征					重要科形态特征		代表昆虫
	变态类型	口器	翅	足	其他特征			
缨翅目	过渐变态	锉吸式	缨翅,翅狭长,翅缘密生长毛,翅脉少或无翅脉	步行足,足末端有年伸缩的泡(中垫),爪退化	触角短,6～9节	蓟马科	体扁,触角6～8节;末端1～2节形成端刺,3～4节上有感觉器;雌虫具锯状产卵器,向下弯曲(图2-20)	葱蓟马

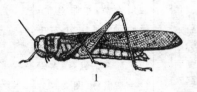

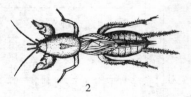

图 2-13 直翅目主要科代表昆虫
1. 蝗科 2. 蝼蛄科

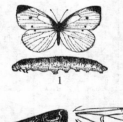

图 2-14 鳞翅目代表昆虫
1. 粉蝶科成虫、幼虫 2. 夜蛾科小地老虎成虫前后翅斑纹图

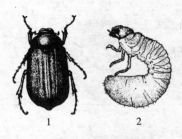

图 2-15　鞘翅目金龟甲科代表昆虫
1. 成虫　2. 幼虫

图 2-16　膜翅目茧蜂科代表昆虫

图 2-17　双翅目食蚜蝇科代表昆虫

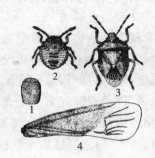

图 2-18　半翅目蝽科代表昆虫
1. 卵　2. 若虫　3. 成虫　4. 前翅

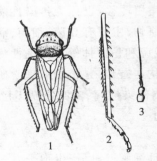

图 2-19　同翅目叶蝉科代表昆虫
1. 大青叶蝉成虫　2. 后足胫节　3. 触角

图 2-20　缨翅目蓟马科代表昆虫

三、果树病害基础

（一）果树病害发生的原因

1. 植物病害

（1）植物病害的分类

植物病害根据其病原可以分为性质不同的两大类，即侵染性病害和非侵染性病害。

非侵染性病害　由非生物因素即不适宜的环境条件而引起的植物病害或生理性病害。引起非侵染性病害发生的环境因素很多，主要涉及温度、湿度、光照、土壤、天气和栽培管理措施等。例如氮、磷、钾等营养元素缺乏形成的缺素症；土壤水分不足或过量形成旱害或涝害；低温或高温形成冻害或灼伤；光照过弱或过强形成黄化或叶烧；肥料或农药使用不合理形成的肥害或药害；大气污染形成的毒害等。

侵染性病害　由生物因素而引起的植物病害称为侵染性病害。由于这类病害可以在植物个体间互相转移，也称为传染性病害。引起植物病害的生物因素称为病原物，主要有真菌、细菌、病毒、类病毒、寄生性种子植物、线虫、放线菌和植原体等。侵染性病害的种类、数量和重要性在植物病害中均居首位，是植物病理学研究重点；尤以真菌病害最为重要，占植物侵染性病害的80%以上，其次是细菌和病毒，其他所占的比例很小。

（2）主要病原物简介

真菌是一类营养体通常为丝状体、具细胞壁、以产生孢子方式繁殖的真核生物。

细菌是一类有细胞壁但无固定细胞核的单细胞的原核生物。

病毒侵染植物,有的引起病害,有的对寄主基本没有影响。

线虫又称蠕虫,是一种低等动物,在数量和种类上仅次于昆虫,居动物界第二位。线虫分布很广,多数腐生于水和土壤中,少数寄生于人、动物和植物。

(3)病原物的侵染过程

植物侵染性病害发生需要一定的过程。病原物需经过与寄主植物感病部位接触、侵入寄主和在植物体内繁殖扩展等过程,表现出致病作用;因此,病原物的侵染过程,也是植物个体遭受病原侵染后的发病过程,有时也称病程。侵染过程是一个连续的过程。一般将侵染过程划分为侵入前期、侵入期、潜育期和发病期。

2. 植物病害的症状

植物发生病害后,经过一定的病理程序,会出现与健康植株不同的异常变化状态。能为我们感官所察觉的植物发病后的不正常表现,就是植物病害的症状。植物病害的症状由两类不同性质的特征——病状和病征组成。

(1)病状

病状是指发病植物本身的不正常表现。较常见病状可归纳为变色、坏死、腐烂、萎蔫、畸形五大类型(表 2-3)。

(2)病征

病征是指病原物在植物体上表现出来的特征性结构,可分为六种类型(表 2-4)。

(3)植物病害症状的变化

植物病害的病状和病征是描述、命名、诊断和识别病害的主要依据,多数情况下,一种植物在特定条件下发生一种病害后就出现一种症状,称为典型症状。大多数病害的症状并非固定不变或只有一种症状,可以在不同阶段或不同抗性的品种上或者在不同的环境条件下出现不同类型的症状。不同的病原物侵染可以引起相似的

表 2-3　园艺植物病害常见病状类型

病状类型	表现形式		发生原因及特点
变色	整个叶片或叶片的一部分均匀变色	褪绿	由于叶绿素的减少而使叶片表现为浅绿色
		黄化	叶绿素减少到一定程度时,叶片普遍变为黄色
		白化	叶片不形成叶绿素,表现白色(多是遗传性的)
	叶片不均匀变色	花叶	由于叶绿素不均匀减少而使叶片表现为形状不规则、轮廓清楚的深绿、浅绿、黄绿或黄色相间的杂色
		斑驳 碎色	变色部分的轮廓不很清楚,发生在花朵上
		斑驳 花脸	变色部分的轮廓不很清楚,发生在果实上
坏死	植物叶片、果实和枝条局部细胞和组织的死亡,一般不改变植物原来的结构,形成颜色、形状、大小不同的斑点,有时斑点上伴生轮纹或花纹等	斑点	根据斑点特点分别称为褐斑、黑斑、紫斑、角斑、圆斑、条斑、大斑、小斑、轮纹斑、环斑、网斑等
		穿孔	叶片病斑坏死组织脱落
		疮痂	病斑表面粗糙,上有增生的木栓层
		叶枯	叶片上较大面积的枯死,枯死的边缘轮廓不明显
		叶烧	叶尖和叶缘大面积枯死
		溃疡	木质部坏死,病部稍微凹陷,周围的寄主细胞有时木栓化
		梢枯	枝条从顶端向下枯死,一直扩展到主茎或主干
		立枯	幼苗近土面茎组织坏死,死而不倒
		猝倒	幼苗近土面茎组织坏死,迅速倒伏
腐烂	植物组织较大面积的分解和破坏	干腐	组织腐烂时解体较慢,水分及时蒸发使病部表皮干缩
		湿腐	组织腐烂时解体很快,不能及时失水
		软腐	中胶层受到破坏,组织的细胞离析后再发生细胞的消解

续表 2-3

病状类型	表现形式			发生原因及特点
萎蔫	植物根茎的维管束组织受到破坏而发生的凋萎现象	生理性萎蔫		植物因干旱失水使枝、叶萎垂
		青枯		植物根茎维管束组织受毒害或破坏,植株迅速失水,死亡后叶片仍保持绿色
		枯萎和黄萎		植物根、茎维管束组织受毒害或破坏,引起叶片枯黄、凋萎
畸形	植株受病原物分泌激素物质或干扰寄主代谢的刺激而表现得异常生长	增大徒长		病组织的局部细胞体积增大,数量不增多
		增生	发根	不定根大量萌发,使根系过度分枝而成丛生状
			丛枝	植物主、侧枝顶芽被抑制,侧芽受刺激大量萌发形成成簇枝条
			肿瘤	病组织的薄壁细胞分裂加快,数量迅速增多
		减生	矮缩	茎秆或叶柄的发育受阻,植株不成比例地变小,叶片卷缩
			矮化	枝叶等器官的生长发育均受阻,生长成比例地受到抑制
		变态	卷叶	叶片沿主脉平行方向向上或向下卷
			缩叶	叶片沿主脉垂直方向向上或向下卷
			皱缩	叶面高低不平
			蕨叶	叶细长,狭小,叶肉组织退化
			花变叶	花瓣变为绿色的叶片状
			缩果	果面凹凸不平
			袋果	果实变长呈袋状,膨大中空,果肉肥厚呈海绵状

表2-4　园艺植物病害常见病征类型

病征类型	表现形式	特　点	病　原
霉状物	霜霉	多生于病叶背面,由气孔伸出的白色至紫灰色霉状物	霜霉菌
	绵霉	在高湿条件下于病部产生的白色、疏松、棉絮状霉状物	茄绵疫病菌
	霉层	除霜霉和绵霉外的霉状物。按色泽不同分别称为灰霉、青霉、绿霉、黑霉、赤霉等	灰霉病菌、青霉病菌
粉状物	锈粉	病部表皮下形成的病斑破裂后散出铁锈状或灰白色粉末	锈菌、白锈菌
	白粉	叶片正面表生大量白色粉状物,后期颜色加深,产生细小黑点	白粉菌
	黑粉	大量黑色粉末状物	黑粉菌
粒状物	子囊壳、分生孢子器	多褐色或黑色,针尖至米粒大小	真菌的繁殖器官
线状物和核状物	菌索、菌核	有的似植物根系,有的似鼠粪状或菜籽形,多数黑褐色	紫纹羽病菌、菌核病菌
伞状物和马蹄状物	伞状物和马蹄状物	形似伞状和马蹄状结构	果树根朽病菌、桃木腐病菌
脓状物(溢脓)	溢脓	病部溢出的含有细菌菌体的脓状黏液,一般呈露珠状,或散布为菌液层,白色或黄色,气候干燥时,形成菌膜或菌胶粒	桃细菌性穿孔病菌

症状,如真菌、细菌、病毒侵染植物都可出现叶斑类病状。有些病原物侵染寄主植物后在一段时间内不表现明显症状,这种现象称为潜伏侵染。许多病毒病症状往往因高温而消失,这种病害症状在一定条件下消失的现象称症状潜隐。

(二)植物病害的诊断

1. 诊断的意义

认识自然是为了改造自然。认识病害,掌握病害发生规律的目的是为了防治病害。植保工作者的职责是对有病植物作准确的诊断鉴定,然后提出合适的防治措施来控制病害,力求减少因病所造成的损失。植物医学不同于人体医学,服务的对象是植物,它的经历和受害程度,全凭植病专家的经验和知识去调查与判断。及时准确的诊断,采取合适的防治措施,可以挽救植物的生命和产量,如果诊断不当或失误(误诊),就会贻误时机,造成更大损失。

2. 诊断的程序

当农户将一株怀疑有病的植物送来,请求给予如何防治的建议或处方时,或者是到农场出诊去诊断一片有病的植物时,面对着一株(片)形态异常的植物,要凭所掌握的知识和经验去判断其病因是什么,该如何处理等,这是一项艰巨的任务。

对病植物进行诊断的程序,应该是从症状入手,全面检查,仔细分析,下结论要留有余地。首先是仔细观察病植物的所有症状,寻找对诊断有关键性作用的症状特点,如有无病征,是否大面积同时发生,等等。其次是仔细分析,包括询问和查对资料在内,要掌握尽量多的病例特点,结合镜检、剖检等全面检查,自然界里变化万千,典型症状并不真是典型,例外的事是常有的。因此,诊断的程序一般包括:

①症状的识别与描述。

②调查询问病史与有关档案。

③采样检查(镜检与剖检等)。

④专项检测。

⑤逐步排除法得出适当结论。

3. 柯赫氏法则:一种新病害的诊断和病原生物的鉴定

柯赫氏法则又称柯赫氏假设,通常是用来确定侵染性病害病原物的操作程序。如发现一种不熟悉的或新的病害时,就应按柯赫氏法则的四步来完成诊断与鉴定。诊断是从症状等表型特征来判断其病因,确定病害种类。鉴定则是将病原物的种类和病害种类同已知种类比较异同,确定其科学名称或分类上的地位。如是侵染性病害或非侵染性病害,是真菌病害或是病毒病害等,有些病害特征明显,证据确凿,可直接诊断或鉴定,如霜霉病或秆锈病。但有很多场合是难以鉴定病原物的属种的,如花叶病易识别,由何种病原物引起就必须经详细鉴定比较后才能确认。

柯赫氏法则常用来诊断和鉴定侵染性病害,共四条:

①在病植物上常伴随有一种病原生物存在。

②该微生物可在离体的或人工培养基上分离纯化而得到纯培养。

③将纯培养接种到相同品种的健株上,表现出相同症状的病害。

④从接种发病的植物上再分离到其纯培养,性状与原来的记录②相同。

如果进行了上述四步鉴定工作得到确实的证据,就可以确认该微生物即为其病原物。但有些专性寄生物,如病毒、类菌原体、霜霉菌、白粉菌和一些锈菌等,目前还不能在人工培养基上培养,可以采用其他实验方法来加以证明。因此,所有侵染性病害的诊断与病原物的鉴定都必须按照柯赫氏法则来验证,每个医学家和植物病理学家都应该牢记并熟练地运用。

柯赫氏法则同样也适用于非侵染性病害的诊断,只是以某种怀疑因素来代替病原物的作用,例如当判断是缺乏某种元素引起病害时,可以补施某种元素来缓解或消除其症状,即可确认是某元素的作用。

4. 植物病害的诊断要点

植物病害的诊断首先要区分是属于侵染性病害还是非侵染性病害。许多植物病害的症状有很明显的特点,一个有经验或观察仔细善于分析的植病工作者是不难区分的。在多数情况下,正确的诊断还需要作详细和系统的检查,而不仅仅是根据外表的症状,对于一个新手或经验不多的植保人员来说更为必要。

(1)侵染性病害

病原生物侵染所致的病害特征是,病害有一个发生发展或传染的过程;在特定的品种或环境条件下,病害轻重不一;在病株的表面或内部可以发现其病原生物体存在(病征),它们的症状也有一定的特征。大多数的真菌病害、细菌病害和线虫病害以及所有的寄生植物、可以在病部表面看到病原物,少数要在组织内部才能看到,多数线虫病害侵害根部,要挖取根系仔细寻找。有些真菌和细菌病害,所有的病毒病害和原生动物的病害,在植物表面没有病征,但症状特点仍然是明显的。

①寄生植物引起的病害　在病植物体上或根际可以看到其寄生物,如寄生藻、菟丝子、独脚金等。

②线虫病害　在植物根表、根内、根际土壤、茎或籽粒(虫瘿)中可见到有线虫寄生,或者发现有口针的线虫存在。线虫病的病状有:虫瘿或根结、胞囊、茎(芽、叶)坏死、植株矮化黄化、缺肥状。

③真菌病害　大多数真菌病害在病部产生病征,或稍加保湿培养即可出现子实体。但要区分这些子实体是真正病原真菌的子实体,还是次生或腐生真菌的子实体,因为在病斑部,尤其是老病斑或坏死部分常有腐生真菌和细菌污染,并充满表面。较为可靠的方法是从新鲜病历的边缘作镜检或分离,选择合适的培养基是必要的,一些特殊性诊断技术也可以选用。按柯赫氏法则进行鉴定,尤其是接种后看是否发生同样病害是最基本的,也是最可靠的一项。

④细菌病害　大多数细菌病害的症状有一定特点,初期有水渍状或油渍状边缘,半透明,病斑上有菌脓外溢,斑点、腐烂、萎蔫、肿瘤大多数是细菌病害的特征,部分真菌也引起萎蔫与肿瘤。切片镜检有无喷菌现象是最简便易行又最可靠的诊断技术,要注意制片方法与镜检要点。用选择性培养基来分离细菌挑选出来再用于过敏反应的测定和接种也是很常用的方法。革兰氏染色、血清学检验和噬菌体反应也是细菌病害诊断和鉴定中常用的快速方法。

⑤菌原体病害　菌原体病害的特点是植株矮缩、丛枝或扁枝,小叶与黄化,少数出现花变叶或花变绿。只有在电镜下才能看到菌原体。注射四环素以后,初期病害的症状可以隐退消失或减轻。对青霉素不敏感。

⑥病毒病害　病毒病的症状以花叶、矮缩、坏死为多见。无病征,撕取表皮镜检时有时可见有内含体。在电镜下可见到病毒粒体和内含体。采取病株叶片用汁液磨擦接种或用蚜虫传毒接种可引起发病;用病汁液磨擦接种在指示植物或鉴别寄主上可见到特殊症状出现。用血清学诊断技术可快速作出正确的诊断。必要时做进一步的鉴定试验。

⑦复合侵染的诊断　当一株植物上有两种或两种以上的病原物侵染时可能产生两种完全不同的症状,如花叶和斑点、肿瘤和坏死。首先要确认或排除一种病原物,然后对第二种作鉴定。两种病毒或两种真菌复合侵染是常见的,可以采用不同介体或不同鉴别寄主过筛的方法将其分开。柯赫氏法则在鉴定侵染性病原物时是始终要遵守的一条准则。

(2)非侵染性病害

从病植物上看不到任何病征,也分离不到病原物。往往大面积同时发生同一症状的病害;没有逐步传染扩散的现象等,大体上可考虑是非浸染性病害。除了植物遗传性疾病之外,主要是不良

的环境因素所致。不良的环境因素种类繁多,但大体上可从发病范围、病害特点和病史几方面来分析。下列几点可以帮助诊断其病因:

①病害突然大面积同时发生,发病时间短,只有几天,大多是由于大气污染、"三废"污染或气候因素如冻害、干热风、日灼所致。

②病害只限于某一品种发生,多为生长不宜或有系统性的症状的表现,多为遗传性障碍所致。

③有明显的枯斑、灼伤,且多集中在某一部位的叶或芽上,无既往病史,大多是由于使用农药或化肥不当所致。

④明显的缺素症状,多见于老叶或顶部新叶。非侵染性病害约占植物病害总数的1/3,植病工作者应该充分掌握对生理病害和非侵染性病害的诊断技术。只有分清病因以后,才能准确地提出防治对策,提高防治效果。

(三)植物病虫害综合治理的方法

1. 植物检疫

植物检疫也叫法规防治,是指人们运用一定的仪器设备和技术,应用科学的方法对调运植物和植物产品的病菌、害虫、杂草等有害生物进行检疫检验,并依靠国家制定的植物检疫法规保障实施。植物检疫法规是为了防止植物危险性病、虫、杂草及其他有害生物由国外传入和国内传播蔓延,保护农业和环境,维护对内、对外贸易信誉,履行国际义务,由国家制定法令,对进出口和国内地区间调运的植物及其产品进行检疫检验与监督处理的法律规范的总称。

(1)植物检疫对象的确定原则

植物检疫对象是国家法律、法规、规章中规定不得传播的病、虫、杂草。《植物检疫条例》第四条明确规定:"凡局部地区发生的危险性大、能随植物及其产品传播的病、虫、杂草,应定为植物检疫对象。"

（2）植物检疫的措施

出入境植物检疫的主要措施：国家禁止进境各种物品和禁止携带、邮寄的植物、植物产品和其他检疫物不准进境，也不需要进行检疫，一经发现，不论其来源和产地如何，均作退回或者销毁处理。进境车辆，不论是来自疫区或是非疫区，运输工具一律由进境口岸出入境检验检疫机关做防疫消毒处理。当国外发生重大植物检疫疫情并可能传入我国时，国务院可以下令禁止来自疫区的运输工具进境或者封锁有关口岸。

国内植物检疫的主要措施：国内局部地区发生植物检疫对象的，应划为疫区，采取封锁、消灭措施，防止植物检疫对象传出；发生地区已比较普遍的，则应将未发生地区划为保护区，防止植物检疫对象传入。在发生疫情的地区，植物检疫机构经批准可以设立植物检疫检查站，开展植物检疫工作。疫区内的种子、苗木及其他繁殖材料和应实施检疫的植物及植物产品，只允许在疫区内种植、使用，严格禁止运出疫区。

2. 农业防治

农业防治是利用一系列栽培管理技术，创造有利于作物生长发育，不利于有害生物发生的条件，直接或间接地消灭或抑制有害生物的危害，保证作物丰产丰收的方法。

（1）园艺植物合理布局

实行园艺植物合理布局和间作套种，可以降低某些病、虫暴发危害的风险性。合理安排作物布局，可以阻止害虫的扩散蔓延、交叉侵染，延长抗病品种的使用寿命，有效地控制害虫、延缓病害流行的时间。

（2）选用无病虫种苗

留种育苗是园艺生产中的重要环节，有些病虫害是随种子和苗木传播的，选留无病种子，培育无病壮苗是防治种苗传播病害的有效措施。

（3）合理轮作

轮作是农业防治中历史最长也是最成功的方法。合理轮作可以破坏有害生物的寄主桥梁，使某些有害生物失去寄主食物，恶化其生存环境，使其种群数量大幅度下降。轮作只对寄主范围较窄的病虫害有效，不同的病虫害轮作年限不同，主要取决于病虫害在土壤中的存活期限。

（4）清洁田园

园艺植物生长期将受病虫危害叶、果、株及时摘除或拔掉，以免病虫害在田间扩大蔓延。另外，还要将田边地头的杂草清除干净，因为有些杂草往往是某些害虫繁殖、潜藏的场所或病毒的野生寄主。园艺植物采收后，遗留于田间的残株败叶是多种害虫和病原物越冬、繁衍的主要场所，及时清除对减少田间病源和虫源基数有重要作用。

（5）深翻土壤

及时耕翻土地可以毁灭田间农作物残留物、自生苗和杂草，破坏害虫的隐藏场所。深耕可以把病菌和害虫埋到很深的土中，抑制病菌萌发、侵入，促进病菌和害虫死亡。耕翻土地有利于根系生长发育，提高植物的抗病能力，减轻病害特别是根部病害的发生。

（6）栽培措施

适当调整播期可以在不影响作物生长的前提下，将作物的敏感生长期与病虫的侵染危害盛期错开，可减轻病虫害的发生。如秋播的十字花科蔬菜播种期早的，病毒病发生重。主要由遇高温干旱和受蚜虫传毒影响所致。

改变种植方式可以减轻病虫害的发生。如改平畦栽培为高垄栽培可减轻白菜软腐病的发生。又如栽植过密，植株生长细弱，抗病力弱，通风透光差，田间小气候湿度大，促进一些喜高湿病虫害的发生。

灌溉是农业生产中一项很重要的措施,灌溉直接影响害虫生长的小气候,能抑制或杀死害虫。冬灌能够破坏多种地下越冬害虫的生境,减少虫口密度。水分不足或过多都会影响植物的正常生长发育,降低植物的抗病性。

合理施肥对植物的生长发育及其抗病虫能力的高低都有较大影响。一般多施有机肥,可以改良土壤,改良土壤微生物区系,促进根系发育,提高植株的抗病性。但在施用有机肥时,必须充分腐熟,否则会加重多种地下害虫对蔬菜幼苗的危害。

及时除草,可以消灭某些病虫的中间寄主。

采收和储藏也是病害防治中必须注意的环节。如果品采收的时间、采收和储藏过程中造成伤口的多少以及储藏期的温、湿度条件等,都会直接影响储藏期病害的发生和危害程度。

农业防治最大优点是不需要过多的额外投入,且易与其他栽培措施相配套。此外,推广有效的农业防治措施可在大范围内减轻有害生物的发生程度,甚至可以持续控制某些有害生物的大发生。当然,农业防治也具有很大的局限性。首先,农业防治必须服从丰产要求,不能单独从有害生物防治的角度去考虑问题。第二,农业防治措施往往在控制一些病虫害的同时,引发另外一些病虫害,因此,实施时必须针对当地主要病虫害综合考虑,权衡利弊,因地制宜。第三,农业防治具有较强的地域性和季节性,且多为预防性措施,在病虫害已经大发生时,防治效果不大。

3. 生物防治

利用有益生物或其代谢产物防治有害生物的方法为生物防治,其原理和方法主要有颉颃作用、竞争作用、交互保护作用、利用天敌昆虫以及应用生物农药等。

(1)颉颃作用和竞争作用

一种微生物的存在和发展,限制了另一种微生物的存在和发展,这种现象称为颉颃作用。有些微生物生长繁殖很快,与病原物争夺空间、营养、水分及氧气,从而控制病原物的繁殖和侵染,这种现象称为竞争作用。

(2)交互保护作用

交互保护作用最初是在研究植物病毒病害时发现的,指用致病力弱的株系(生产上称为弱毒疫苗)保护植物免受强致病力株系侵染的现象。目前利用弱毒株系防治植物病毒病害在生产上已有应用。

(3)利用天敌昆虫

园艺植物生态系统中存在着多种天敌和害虫,它们之间通过取食和被取食的关系,构成了复杂的食物链和食物网。天敌昆虫按其取食特点可分为捕食性天敌和寄生性天敌两大类。寄生性天敌昆虫总是在生长发育的某一个时期或终身附着在害虫的体内或体外,并摄取害虫的营养物质来维持生长,从而杀死或致残某些害虫,使害虫种群数量下降。捕食性天敌则通过取食直接杀死害虫。

充分利用本地天敌抑制有害生物是害虫生物防治的基本措施。自然界天敌资源丰富,在各类作物种植区均存在大量的自然天敌。保护天敌一般采用提供适宜的替代食物寄主、栖息和越冬场所,结合农业措施创造有利于天敌的环境,避免农药的大量杀伤等,一般不需要增加费用和花费很多人工,方法简单且易于被种植者接受,在生产上已大规模的推广和应用。

引进天敌要考虑天敌对害虫的控制能力,引入后在新环境下的生态适应和定殖能力,防止天敌引进带入其他有害生物,或引进的天敌在新环境下演变成有害生物。

从国外或国内其他地区引进天敌时,都需要人工繁殖,扩大天敌种群数量,以增加其定殖的可能性。对于本地天敌,由于在自然环境中,种类虽多,但有时数量较小,特别是在害虫数量迅速上升时,天敌总是尾随其后,很难控制危害。采用人工大量繁殖,在害虫大发生前释放,就可以解决这种尾随效应,达到利用天敌有效控制害虫的目的。

（4）应用生物农药

生物农药是指利用生物活体或生物代谢过程产生的具有生物活性的物质，或从生物体中提取的物质，作为防治有害生物的农药。生物农药作用方式特殊，防治对象专一，且对人类和环境的潜在危害比化学农药小，因此被广泛地应用于有害生物防治中。

生物杀菌剂包括真菌杀菌剂和抗生素杀菌剂等。如特立克（木霉菌）、多氧清（多抗霉素）、武夷霉素、链霉素及新植霉素等。

生物杀虫（螨）剂包括植物、真菌、细菌、病毒、抗生素和微孢子虫制剂。植物杀虫剂种类较多，如除虫菊素、鱼藤酮、楝素、印楝素、苦参碱等。真菌杀虫剂有白僵菌和绿僵菌等。细菌杀虫剂主要有苏云金杆菌和杀螟杆菌。还有病毒制剂核型多角体病毒、抗生素杀虫（螨）剂阿维菌素、微孢子虫和生物杀螨剂浏阳霉素与华光霉素等。

生化农药指经人工模拟合成或从自然界的生物源中分离或派生出来的化合物，如昆虫信息素、昆虫生长调节剂等。我国已有近30种性信息素用于害虫的诱捕、交配干扰或迷向防治。灭幼脲Ⅰ、Ⅱ、Ⅲ号等昆虫生长调节剂对多种园艺植物害虫具有很好的防效，可以导致幼虫不能正常脱皮，造成畸形或死亡。

从保护生态环境和可持续发展的角度讲，生物防治是最好的害虫防治方法之一。首先，生物防治一般对人、畜安全。第二，活体生物防治对有害生物可以达到长期控制的目的，而且不易产生抗性问题。第三，生物防治的自然资源丰富，易于开发。

4. 物理机械防治

物理机械防治是利用物理因子或机械作用及器具防治有害生物的方法。目前，常用的方法有以下几种：

（1）捕杀

捕杀法是指根据害虫习性、发生特点和规律所采用的直接杀死害虫或破坏害虫栖息场所的方法。包括冬季刮除老翘皮，人工摘除卵块、虫苞和捕杀幼虫,清除土壤表面的美洲斑潜蝇虫蛹和清除被害叶,利用某些害虫的假死性,人工振落害虫并集中捕杀等。

（2）诱杀

许多昆虫都具有不同程度的趋光性,对光波（颜色）有选择性。如梨小食心虫对蓝色和紫色,菜粉蝶对黄色和蓝色有强烈的趋性。蚜虫、粉虱、飞虱等对黄色有明显的正趋向性,蚜虫还对白色、灰色、银灰色,尤其是银灰色反光有强烈的负趋向性。生产上利用害虫对光的趋性,采用黑光灯、黄板、银灰膜引诱或驱避多种害虫。

有些害虫对食物气味有明显趋性,可以配制适当的食饵诱杀害虫。如配制糖醋液诱杀小地老虎成虫,用新鲜马粪诱杀蝼蛄,撒播毒谷毒杀金龟子等。

利用害虫具有选择特殊环境潜伏的习性诱杀害虫。如田间插杨树枝把诱集棉铃虫成虫、树干上绑麻片或草袋片诱集红蜘蛛、苹小食心虫、梨星毛虫等潜伏害虫,再集中消灭之。

（3）阻隔

采用套袋、防虫网、掘沟、覆盖地膜和树干涂白等方法隔离病虫与植物的接触以防止植物受害的方法叫阻隔法,是一种经济、有效的物理防治方法。

（4）热处理

热处理是利用致死高温杀死有害生物的一种方法。如日光晒种可防治许多储粮害虫;利用 50～55 ℃的温汤浸种,可杀死一些种子上所带的病菌;利用 70 ℃的高温干热灭菌可杀死黄瓜种子上的多种病菌;通过覆盖塑料薄膜提高土壤温度,可以消灭土壤中的病菌和害虫;用 50～70 ℃的高温堆沤粪肥 2～3 周可杀死其中的许多病菌;利用高温闷棚除可杀灭霜霉病菌外,还可杀死棚内的飞虱、蚜虫等害虫。

（5）射线处理

射线处理是利用电磁辐射进行有害生物防治的物理防治技

术。可在小范围内用电波、γ射线、X射线、红外线、紫外线、激光、超声波等直接杀虫、杀菌或使害虫不育来防治病虫。

（6）外科手术

对于多年生的果树和林木，外科手术是治疗枝干病害的必要手段。例如，治疗苹果树腐烂病，可直接用快刀将病组织刮干净或在刮净后涂药。当病斑绕树干一周时，还可采用桥接的办法将树救活。刮除枝干轮纹病斑可减轻果实轮纹病的发生。

5. 化学防治

化学防治是指用化学农药防治农林作物害虫、病菌、线虫、螨类、杂草及其他有害生物的一种方法，具有防治对象广、见效快、效力高、使用方便等优点，同时也存在农药残留、残毒、伤害天敌、污染环境、有害生物产生抗药性等问题。

（1）农药的基本知识

①农药的分类　农药是指用于预防、消灭或者控制危害农业、林业的病、虫、草和其他有害生物以及有目的地调节植物、昆虫生长的化学合成或者来源于生物、其他天然物质的一种物质或者几种物质的混合物及其制剂。农药品种很多，为了研究、管理和使用方便，常常从不同角度，将农药分成多种类型（表2-5）。

②农药的加工剂型与使用方法　未经加工的农药一般称为原药，呈固体状态者叫原粉，液体状态者叫做原液。农药除少数品种可溶于水，可以直接加水施用外，通常必须加工成一定剂型的制剂，才能在生产上使用。农药加工过程中加入改进药剂性能和性状的物质，根据其主要作用，常被称为填充剂、辅助剂（溶剂、湿展剂、乳化剂等）。农药原药与辅助剂混合调配，加工制成具有一定形态、组分和规格，适合各种用途的商品农药型式，称为农药剂型。农药加工可以使之达到一定的分散度，便于储运和使用，有利于发挥药剂的效力（表2-6）。

表 2-5　农药的分类

作用对象	分类根据	类　别	
杀虫剂	作用方式	触杀剂、胃毒剂、内吸剂、熏蒸剂、引诱剂、驱避剂、拒食剂、不育剂、几丁质抑制剂、昆虫激素(保幼激素、蜕皮激素、信息素)	
	来源及化学组成	有机合成杀虫剂(有机磷、氨基甲酸酯、拟除虫菊酯等)	
		天然产物杀虫剂(鱼藤酮、除虫菊素、烟碱、沙蚕毒素)	
		矿物油杀虫剂	
		微生物杀虫剂(细菌毒素、真菌毒素、抗生素)	
杀螨剂	化学组成	有机氯、有机磷、有机锡、氨基甲酸酯、偶氮及肼类、甲脒类、杂环类等	
杀线虫剂	化学组成	卤代烃、氨基甲酸酯、有机磷、杂环类	
杀菌剂	作用方式	内吸剂、非内吸剂	
	防治原理	保护剂、铲除剂、治疗剂	
	防治方法	土壤消毒剂、种子处理剂、喷洒剂	
	来源及化学组成	合成杀菌剂	无机杀菌剂(硫制剂、铜制剂)
			有机杀菌剂(有机硫、有机磷、二硫代氨基甲酸酯类、取代苯类、酰胺类、取代醌类、硫氰酸类、取代甲醇类、杂环类)
		细菌杀菌剂(抗生素)	
		天然杀菌剂及植物保卫素	

表 2-6　常用农药剂型特点及使用方法

剂型种类	成　分	使用方法	优　点	缺　点
粉剂	原药＋惰性填料	喷粉、拌种、土壤处理或配制毒饵等	使用方便、工效高、不受水源限制	污染环境，不易附着，用量大，残效期短
可湿性粉剂	原药＋惰性填料＋助剂（润湿剂、分散剂等）	喷雾	成本较低，储运较安全，黏附力较强，残效期较长，防治效果比同种农药的粉剂好	分散性差，浓度高易生药害
乳油	原药＋有机溶剂＋乳化剂	喷雾	药效高，施用方便，性质相对稳定，药效高	成本较高，使用不当易造成药害和人、畜中毒
颗粒剂	原药＋辅助剂＋载体（沙子、土粒、煤渣或砖渣等）	施心叶、撒施、点施	对非靶标生物影响小，环境污染减少，药害轻，残效期长，工效高，施用方便不受水源限制，对施药人员安全	运输成本较高
水剂	原药＋水	喷雾、浇灌、浸泡	药效好，对环境污染小	不耐储藏，附着性差，易水解失效
缓释剂	农药储存在加工品中（废塑料、树皮、有机化合物等）	施心叶、撒施、点施	残效期延长，并减轻污染和毒性	

续表 2-6

剂型种类	成 分	使用方法	优 点	缺 点
超低容量喷雾剂（油剂）	原药＋溶剂＋助剂	喷雾	用量少，省工，效果好。用时不加水，可在缺水地区用	风大不能使用
胶悬剂（悬浮剂）	原药＋分散剂＋润湿剂＋载体（硅胶）＋消泡剂＋水	喷雾、低容量喷雾和浸种	粒径小、渗透力强、无粉尘、污染小、药效高、成本低。药效优于可湿性粉剂，兼有可湿性粉剂和乳油的优点	
可溶性粉剂	原药＋水溶性填料＋吸收剂	喷雾	加工简便，使用方便，药效好，便于包装、运输和储藏	
微胶囊剂	原药包入高分子微囊中	喷施	残效期长，对人、畜毒性低，使剧毒农药品种低毒化	
种衣剂	原药＋成膜剂	浸种、拌种、种子处理	用药量少，持效期长。不污染环境，不伤害天敌，对人、畜安全	药剂选配不当或加工质量差会造成药害
烟剂	原药＋燃料＋氧化剂（助燃剂）＋消燃剂	熏蒸	使用方便，节省劳力，可扩散到其他防治方法不能达到的地方	

资　料　卡

农药常用符号

EC：乳油（剂）　　　　　　　EO：水在油中的乳液

EW：油在水中的乳液　　　　DP：粉剂

FO：微粉剂　　　　　　　　SP：可（水）溶性粉剂

WP：可湿性粉剂　　　　　　SS：种子处理用水溶性粉剂

DS：干拌种粉剂　　　　　　SC：悬浮剂

SV：超低容量悬浮剂　　　　DF：干悬浮剂

CF：胶悬剂　　　　　　　　CR 或 G：颗粒剂

WC 或 WG：水中分散颗粒剂　AC：水剂

AS：水溶液　　　　　　　　SCW：水溶性浓缩剂

SD：拌种剂　　　　　　　　ST：种子处理剂

PS：外涂种子的农药　　　　FU：烟剂

OL：油剂　　　　　　　　　g/hm^2：克/公顷

kg/hm^2：千克/公顷　　　　ai/hm^2：有效成分/公顷

TLV：最高允许浓度　　　　MAC：最大允许有效药量

MED：最大有效浓度　　　　MEP：最小有效浓度

MRL：最高残留限量　　　　ADI：人体每日允许摄入量

PC：百分比浓度　　　　　　ULV：超低容量

　　③农药用量表示方法　农药有效成分用量表示方法：国际上普遍采用单位面积有效成分用量，即用 g·ai/hm^2（克·有效成分/公顷）表示。

农药商品用量表示法：一般表示为 g(mg)/hm²[克(毫克)/公顷]，这种表示法直观易懂，注意必须要有制剂浓度。

百分浓度表示法：100 份药液中或药粉中含农药有效成分的份数。

百万分浓度表示法：表示 100 万份药液中含农药有效成分的份数，通常表示农药加水稀释后的药液浓度，用 $\mu L/L$(微升/升)表示。

稀释倍数表示法：常量喷雾沿用的习惯表示方法，一般不指出单位面积用药液量，应按常量喷雾施药决定。

④农药的交替使用与混合使用　长期连续使用同一种农药是导致有害生物产生抗药性的主要原因。所以，合理地交替、轮换使用农药，就可以切断生物种群中抗药性种群的形成过程。轮换使用农药应选用作用机制、作用方式不同的农药，以防止或延缓抗药性的发生。可以根据当地害虫的发生特点及农药的调运供应情况，选用作用机制各不相同的有机磷制剂、拟除虫菊酯制剂、氨基甲酸酯类制剂、其他有机氮制剂及生物制剂等几个大类杀虫剂进行轮换、交替使用。同一类制剂中的杀虫剂品种也可以互相换用，但需要选取那些化学作用差异比较大的品种在短期内换用，如果长期采用也会引起害虫产生交互抗性。已产生交互抗性的品种不宜换用。在杀菌剂中，一般内吸杀菌剂比较容易引起抗药性(如苯并咪唑类、抗生素类等)，保护性杀菌剂不容易引起抗药性。因此，除了不同化学结构和作用机制的内吸剂间轮换使用外，内吸剂和保护剂之间是较好的轮换组合。

科学合理地混用农药有利于充分发挥现有农药制剂的作用。目前有两种混用形式：一是使用混剂，即两种或两种以上的农药原粉混配加工，制成复配制剂，由农药企业实行商品化生产，投放市场，使用者不需要再进行配制而直接稀释使用；二是现混现用，使用者根据有害生物防治的实际需要，把两种或两种以上农药商品在使用地点混合均匀后立即施用。农药混用具有能够克服有害生物对农药产生的抗药性、扩大防治对象的种类、延长老品种农药的使用年限、发挥药剂的增效作用、降低防治费用等优点。但是,混配混用应当坚持先试验后混配混用的原则,一般应当考虑以下几点:两种以上农药混配后应当产生增效作用,而不应有颉颃作用;应当不增加对人、畜的毒性;不增加对作物的药害;应当避免发生不利的理化变化,如絮结和大量沉淀等。

⑤农药的药害 药害是化学防治中经常出现的一种现象,发生药害的原因主要有以下几方面:

一是药剂方面,无机农药易产生药害,有机合成农药产生药害的可能性较小,植物性药剂及抗生素产生药害的可能性更小。在同一类药剂中,药剂水溶性大小与药害严重程度呈正相关。水溶性越大,发生药害的可能性也越大。例如硫酸铜是溶于水的,波尔多液中的碱式硫酸铜是逐渐解离的,所以前者较易发生药害。药剂悬浮性能的好坏与药害也有关系。可湿性粉剂的可湿性差或乳剂的乳化性差,使药剂在水中分散不均匀;药剂颗粒粗大,在水中较易沉淀,如果搅拌不匀,可能会喷出高浓度药液而造成药害。此外,药剂中的杂质,如合成过程中的杂质、填充剂中的杂质等,有时也成为某些药剂发生药害的原因。如硫酸铜中亚铁盐含量高时,配制的波尔多液则易产生药害。

二是植物方面,不同作物对农药的抵抗力表现不同,即使是同一种作物的不同品种,对农药的反应也有差异。例如,在果树中苹果、梨、核桃、枣、板栗等抗药性较强,而李、杏、桃、柿、葡萄等抗药性较弱;在蔬菜中十字花科(甘蓝等)、茄科(番茄、马铃薯等)作物抗药性较强,豆科作物抗药性较弱,瓜类的抗药力最差;另外,植物的形态结构与抗药性也有较大关系,如气孔大小、多少、开张程度;叶面蜡质层的厚薄、茸毛的多少;表皮细胞壁的厚薄及结构等都与抗药力有关。植物的发育阶段也与抗药力有关,幼苗期、花期比其他时期对药剂敏感,幼嫩组织比老熟组织对药剂敏感,生长期比休眠期对药剂敏感。

三是环境条件,药害的发生与否主要与温度、湿度、雨量和光照等有关。一般在气温高、阳光足的条件下,药剂的活性增强,浓度增高,而且也由于作物的新陈代谢作用加快,容易发生药害。雨天和湿度大的情况下容易发生药害。

四是用药方法,正确的使用方法是充分发挥药效、避免药害发生的又一重要因素。正确使用杀菌剂时,必须根据农药的具体性质、防治对象及环境因素等,选择相应的施药方法。如必须在休眠期喷雾或生长期涂抹的农药,如果在生长期喷施,将产生严重药害。

(2)常用农药简介

①杀菌剂 杀菌剂是指对病原物具有杀伤和抑制作用的药剂。杀菌剂对病害的作用主要是保护作用、治疗作用和铲除作用。保护作用是指在植物染病前,将药剂喷洒在植物表面,抑制或杀死寄主体外的病原物,保护植物免受病原物侵染,这类药剂称保护剂,要求施药均匀周到。治疗作用是指药剂能在植物体内输导、存留、扩散,杀死或抑制植物体内的病原物,这类农药称治疗剂(内吸剂)。铲除作用是指药剂直接杀死病原物,铲除侵染来源,或抑制其繁殖,阻止病害进一步扩展,这类药剂称铲除剂。一般要求治疗剂和铲除剂具有内吸性和渗透性,在使用上不要求覆盖均匀,是将药物喷在作物上或做土壤处理,当作物的根、茎、叶吸收后,传导到作物的各个部位而起杀菌作用。园艺植物常用杀菌剂按来源及化学组成分为无机杀菌剂、有机硫杀菌剂、有机磷杀菌剂、取代苯类杀菌剂、杂环类杀菌剂和抗生素六大类型(表2-7)。

表 2-7 园艺植物常用杀菌剂的种类及特点

药剂类型	药剂名称	常见剂型	作用原理	防治对象	使用方法	特　点
无机杀菌剂	波尔多液（硫酸铜：生石灰：水）	1：0.5：100；1：1：100；1：2：100等配合量	保护作用	多种园艺植物病害，如霜霉病、疫病、炭疽病、溃疡病、锈病、黑星病等	喷雾	杀菌力强，防病范围广，附着力强，不易被雨水冲刷，残效期可达15～20天
	（石硫合剂）石灰硫黄合剂	一般24～32波美度		多种园艺植物白粉病、锈病、螨类、介壳虫等	喷雾	不能与忌碱性农药混用，不能与铜制剂混用或连用
有机硫杀菌剂	代森锌	60％、65％及80％可湿性粉剂	保护作用	番茄晚疫病、果树与蔬菜的霜霉病、炭疽病、苹果和梨的黑星病、葡萄褐斑病、黑痘病等	喷雾	吸湿性强，在日光下不稳定，遇碱或含铜药剂易分解。对人、畜低毒，对植物安全
	代森锰锌	70％可湿性粉剂、25％悬浮剂		梨黑星病，苹果、梨轮纹病和炭疽病，苹果早期落叶病，番茄早疫病，白菜黑斑病等	喷雾	遇酸遇碱分解，高温时遇潮湿也易分解
	福美双	50％可湿性粉剂		葡萄白腐病、炭疽病、梨黑星病、草莓灰霉病、瓜类霜霉病	喷雾	遇酸易分解，不能与含铜药剂混用
有机磷杀菌剂	乙膦铝（疫霜灵）	90％原粉、40％可湿性粉剂	保护和治疗作用	对卵菌纲霜霉属和疫霉属真菌引起的病害有较好的防效	喷雾	溶于水，遇酸遇碱分解。双向传导

续表 2-7

药剂类型	药剂名称	常见剂型	作用原理	防治对象	使用方法	特点
取代苯类杀菌剂	甲霜灵（瑞毒霉）	25%可湿性粉剂	保护和治疗作用	对霜霉菌、腐霉菌、疫霉菌所致病害特效	喷雾	高效、强内吸性杀菌剂，可双向传导。极易产生抗药性
	甲基硫菌灵（甲基托布津）	50%、70%可湿性粉剂，50%胶悬剂，36%悬浮剂	治疗作用	园艺植物炭疽病、灰霉病、白粉病、褐斑病，苹果和梨轮纹病，茄子绵疫病等	喷雾	对光、酸较稳定，遇碱性物质易分解失效。极易产生抗药性
	百菌清（达克宁）	75%可湿性粉剂，40%悬浮剂	保护作用	苹果早期落叶病、炭疽病、轮纹病、白粉病，葡萄霜霉病、白腐病、黑痘病、炭疽病，十字花科蔬菜霜霉病等	喷雾	附着性好，耐雨水冲刷，不耐强碱
杂环类杀菌剂	多菌灵	25%、50%可湿性粉剂	治疗作用	子囊菌亚门和半知菌亚门真菌引起的多种植物病害	喷雾	遇酸遇碱易分解
	三唑酮（粉锈宁）	15%、25%可湿性粉剂，1%粉剂	治疗作用	各种植物的白粉病和锈病，葡萄白腐病	喷雾	对酸碱都较稳定
	烯唑醇（特普唑、速保利）	2%、5%和12.5%可湿性粉剂，50%乳剂	保护和治疗作用	苹果和梨的黑星病、白粉病、锈病，菜豆锈病，瓜类白粉病	喷雾	对光、热和潮湿稳定，遇碱分解失效
	苯来特（苯菌灵）	50%可湿性粉剂	治疗作用	子囊菌亚门和半知菌亚门真菌引起的多种植物病害	喷雾	

续表 2-7

药剂类型	药剂名称	常见剂型	作用原理	防治对象	使用方法	特 点
抗生素	农用链霉素	72%可溶性粉剂、15%可湿性粉剂	治疗作用	各种细菌引起的病害	喷雾	对人、畜低毒
	多抗霉素（多氧霉素、宝丽安）	1.5%、2%、3%和10%可湿性粉剂	保护和治疗作用	苹果斑点落叶病、梨黑斑病、白菜黑斑病、葱紫斑病等链格孢属真菌引起的病害，草莓和葡萄灰霉病等	喷雾	对人、畜低毒。易溶于水，对酸稳定，对碱不稳定
	抗生菌素120（120农用抗生素）	2%和4%水剂	保护和治疗作用	园艺植物各种白粉病和炭疽病	喷雾	兼有刺激作物生长的效应。易溶于水，对酸稳定，对碱不稳定

②杀虫剂　杀虫剂是指用来防治农、林、卫生、粮食及畜牧等方面害虫的药剂。这类药剂使用广泛，品种较多，杀虫作用方式各不相同。通过昆虫消化器官将药剂吸收而显示毒杀作用的药剂称为胃毒剂；通过接触昆虫体表进入体内或封闭昆虫的气门，使昆虫中毒或窒息死亡的药剂称为触杀剂；以气体状态散发于空气中，通过昆虫的呼吸系统进入虫体，使之中毒死亡的药剂称为熏蒸剂；药剂易被植物所吸收并可在体内输导到植株各部分，在害虫取食时使其中毒的药剂称为内吸剂。

杀虫剂除上述四种主要作用方式外，还有能将昆虫驱避开，使被保护对象免受其害的驱避剂；在药剂作用下，昆虫失去生育能力的不育剂；昆虫受药剂作用后拒绝摄食，从而饥饿而死的拒食剂；使昆虫的发育、行动、习性、繁殖等受到阻碍和抑制，从而达到控制害虫危害以至逐步消灭害虫的昆虫生长调节剂；能将昆虫诱集在一起，以便捕杀或用杀虫剂毒杀从而降低害虫数量的引诱剂等。

很多杀虫剂同时具有几种作用,在一定条件下,可以发挥一种作用,也可以发挥多种作用(表2-8)。

表 2-8 园艺植物常用杀虫剂的种类及性能

药剂类型	药剂名称	常见剂型	作用原理	防治对象	使用方法	性 质
有机磷杀虫剂	敌百虫	90%晶体、80%可溶性粉剂、2.5%粉剂	胃毒作用强,兼具触杀作用	多种咀嚼式口器害虫	喷雾、灌根、喷粉	高效、低毒、低残留、广谱。室温下存放稳定,易吸湿受潮。在弱碱条件下可转变为毒性更大的敌敌畏
	敌敌畏	80%、50%乳油	触杀、胃毒和强烈的熏蒸作用	多种园艺植物害虫	喷雾、熏蒸	广谱性杀虫剂,击倒力强。在碱性和高温条件下消解快,不能与碱性农药和肥料混用。对豆类、瓜类的幼苗易引起药害
	乐果	40%乳油	强烈的触杀及内吸作用,一定的胃毒作用	多种园艺植物害虫	喷雾、涂抹	高效、低毒、低残留、广谱。在碱性溶液中迅速水解,性能不稳定,储藏时可缓慢分解
	辛硫磷	50%乳油	触杀和胃毒作用	地下害虫、鳞翅目幼虫	喷雾、拌种、浇灌、颗粒剂	高效、低毒、残留危险性小。遇碱、光易分解
	乙酰甲胺磷	40%乳油	触杀和内吸作用	食心虫、刺蛾、菜青虫等	喷雾	广谱、高效、低毒、低残留。遇碱易分解。药效期短
	毒死蜱(乐斯本)	48%乳油	触杀、胃毒和熏蒸作用	各种鳞翅目害虫。蚜虫、害螨、潜叶蝇、地下害虫	喷雾	高效、中毒,在土壤中残留期长

续表 2-8

药剂类型	药剂名称	常见剂型	作用原理	防治对象	使用方法	性 质	
氨基甲酸酯类杀虫剂	抗蚜威（辟蚜雾）	50%可湿性粉剂	触杀、熏蒸和内吸作用	多种蚜虫	喷雾	高效、速效、中等毒性、低残留选择性杀蚜剂	
	丁硫克百威（好年冬）	20%乳油	内吸、触杀和胃毒作用	蚜虫、叶蝉、食心虫、跳甲、卷叶蛾、介壳虫和害螨等	喷雾	持效期长，杀虫谱广	
	硫双威（拉维因）	75%可湿性粉、37.5%胶悬剂	内吸、触杀、胃毒作用	棉铃虫、烟青虫、甜菜夜蛾、斜纹夜蛾等	喷雾	经口毒性高，经皮毒性低、高效、广谱、持久、安全	
沙蚕素毒素类杀虫剂	杀虫双	25%水剂、3%颗粒剂	较强的胃毒和触杀作用，一定的熏蒸和内吸作用	多种园艺植物害虫	喷雾、毒土、泼浇	广谱、安全、残毒低。根部吸收力强	
拟除虫菊酯类杀虫剂	溴氰菊酯（敌杀死、凯素灵）	2.5%乳油	强烈的触杀作用	多种园艺植物害虫	喷雾	中等毒性	光稳定性好，在酸性液中稳定，在碱性液中易分解。高效、低毒。田间残效期 5～7 天。连续使用易导致害虫产生抗性
	氰戊菊酯（速灭杀丁、速灭菊酯）	20%乳油	触杀和胃毒作用	多种园艺植物害虫	喷雾	中等毒性	
	顺式氯氰菊酯（高效氯氰菊酯）	5%、10%乳油	胃毒和触杀作用，具杀卵活性	园艺植物上的多种鳞翅目害虫、蚜虫及蚊虫等	喷雾	在植物上稳定性好，能抗雨水冲刷，中等毒性	
	甲氰菊酯（灭扫利）	20%乳油	较强的拒避和触杀作用，杀螨	鳞翅目害虫、叶螨、粉虱、叶甲等	喷雾	中等毒性	
	三氟氯氰菊酯（功夫菊酯）	2.5%、5%乳油	胃毒和触杀作用	鳞翅目害虫、蚜虫、叶螨等	喷雾	活性高，杀虫谱广，杀虫作用快，持效长	

续表 2-8

药剂 类型	药剂 名称	常见 剂型	作用 原理	防治 对象	使用 方法	性　质
特异性昆虫生长调节剂	灭幼脲 （灭幼脲 3 号）	25％ 悬浮剂	胃毒和 触杀作 用	桃小食心虫、松毛虫、美国白蛾、柑橘全爪螨、菜青虫、小菜蛾等	喷雾	低毒，遇碱和较强的酸易分解，常温下储存较稳定。田间残效期 15～20 天，对人、畜和天敌昆虫安全
	除虫脲 （敌灭灵）	20％悬 浮剂	胃毒和 触杀作 用	鳞翅目幼虫、柑橘木虱等	喷雾	对光、热较稳定，遇碱易分解。低毒
	定虫隆 （抑太保）	5％乳油	胃毒作 用为主， 兼有触 杀性	对鳞翅目幼虫有特效	喷雾	高效，低毒
	氟虫脲 （卡死克）	5％乳油	触杀和 胃毒作 用、杀 螨	鳞翅目、鞘翅目、双翅目和半翅目害虫和害螨	喷雾	对光、热和水解的稳定性好，低毒、高效、残效期长、虫、螨兼治
	噻嗪酮 （扑虱灵、 稻虱净）	25％可湿 性粉剂	胃毒和 触杀作 用	飞虱、叶蝉、介壳虫、温室粉虱等	喷雾	药效高、残效期长、残留量低和对天敌较安全
	灭蝇胺	50％可溶 性粉剂、 75％可湿 性粉剂	内吸	潜叶蝇	喷雾	低毒
其他杀虫剂	吡虫啉 （蚜虱净）	10％、25％ 可湿性 粉剂	内吸触 杀和胃 毒作用	蚜虫、飞虱和叶蝉	喷雾	速效、持效期长，对天敌安全
	氟虫腈 （锐劲特）	5％悬浮 剂、0.3％ 颗粒剂、 5％拌种 剂	胃毒作 用为主， 兼有触 杀和一定 的内吸 作用	半翅目、鳞翅目、缨翅目和鞘翅目害虫	喷雾、 拌种、 撒施	中等毒性，杀虫谱广，持效期长

续表 2-8

药剂类型	药剂名称	常见剂型	作用原理	防治对象	使用方法	性　质
微生物源杀虫剂	阿维菌素（齐螨素、爱福丁）	0.3%、0.9%、1.8%乳油	触杀和胃毒作用，微弱的熏蒸作用	双翅目、鞘翅目、同翅目、鳞翅目和螨类害虫	喷雾	高效、广谱杀虫杀螨剂
	苏云金杆菌（Bt）	100亿活芽孢可湿性粉剂、Bt乳剂	胃毒作用	鳞翅目、双翅目、鞘翅目、直翅目害虫	喷雾	

③杀螨剂和杀线虫剂（表 2-9）

表 2-9　园艺植物常用杀螨剂和杀线虫剂的种类及性能

药剂名称	常见剂型	作用原理	防治对象	使用方法	性　质
尼索朗	5%乳油和5%可湿性粉剂	杀卵和幼、若螨，对成螨无效	主要用于防治叶螨，对锈螨、瘿螨防效较差	喷雾	残效期长，药效可保持50天左右
三唑锡	8%乳油、20%悬浮剂、25%可湿性粉剂	触杀作用	多种园艺植物害螨	喷雾	广谱，可杀若螨、成螨和夏卵，对冬卵无效
四螨嗪（阿波罗、螨死净）	10%可湿性粉剂、20%和50%悬剂浮	触杀作用	全爪螨、叶螨、瘿螨，对跗线螨也有一定效果	喷雾	对螨卵有较好防效，对幼、若螨也有一定活性。作用速度慢
螨卵酯（K-6451）	20%可湿性粉剂和25%乳剂	触杀作用	朱砂叶螨、果树红蜘蛛、柑橘锈壁虱等	喷雾	对螨卵和幼螨触杀作用强，对成螨防治效果很差
克线丹	10%颗粒剂	触杀和熏蒸作用	各种线虫	沟施、穴施、撒施	毒性较高。遇强碱很快分解，进入植物体后水解快
威百亩（维巴姆）	30%、33%、35%液剂	熏蒸作用	线虫，同时也具有杀真菌、杂草和害虫的效果	播种前土壤处理	遇酸和金属盐易分解

资　料　卡

　　购农药时一定要仔细阅读标签，看"三证"是否齐全。"三证"是指农药登记号、农药生产许可证号或生产批准文号、农药产品标准号。进口农药只有登记证号。分装农药除标明上述证号外，还须标明分装登记号和生产批准文号。农药证号是确认农药是否被国家认可的依据，证号不齐的农药为不合格产品。

　　购买农药时除看"三证"外，还要注意生产日期，农药在包装时即印上了生产日期，生产日期是确认农药是否过期的依据。农药的保质期一般为两年，超过两年的为过期农药，不宜购买。

第三部分　北方果树营养失调诊断及病虫害防治

一、苹果营养失调诊断及病虫害防治

（一）苹果营养失调症状诊断

1. 氮素失调

苹果缺氮表现为叶小，淡绿色，较老叶片为橙色、红色或紫色，以至早期落叶；叶柄与新梢夹角变小；新梢褐色至红色，短而细；花芽和花减少，果实小且高度着色。氮素过剩症状为叶色墨绿，叶片大而皱；新梢贪青旺长，成花难，果小，着色差，晚熟，易患苦痘病及斑点病；植株抗寒力降低，采收前落果增加。

2. 磷素失调

苹果缺磷新叶暗绿色，老叶青铜色，叶片边缘上出现紫褐色斑点或斑块，叶柄及叶背部叶脉呈紫红色，叶片小，叶稀少；发枝少，枝条细弱，叶柄与枝条成锐角；果小。

3. 钾素失调

缺钾症表现出典型的叶缘枯焦。首先是从新生枝条的中下部叶片叶缘开始黄化，然后向叶片中部扩展，叶片常发生皱缩或向上卷曲，叶缘枯焦，与绿色部分界限清晰，不枯焦部分仍能正常生长。缺钾严重时，叶缘甚至整叶褐色，卷曲枯焦，挂在枝上，不易脱落；果实小，着色不好，味淡，不耐储藏。一般落叶是从下部叶片开始，但缺钾时，苹果落叶是从顶部叶片开始。缺钾严重时果实的发育停止,果汁中酸含量降低,味道变淡。

4. 钙素失调

苹果缺钙表现为新生枝上幼叶出现褪色或坏死斑,叶尖及叶缘向下卷曲,较老叶片可能出现部分枯死;根系短而膨大,并有强烈分生新根的现象;严重时,果实发生水心病、苦痘病、痘斑病和红玉斑点病等。苹果苦痘病表现为果实表面出现下陷斑点,果肉组织变软,有苦味。苹果水心病也是由缺钙引起,果肉呈半透明水渍状,由中心向外呈放射状扩展,最终果肉细胞间隙充满汁液而导致内部腐烂。

5. 镁素失调

苹果缺镁叶片脉间出现淡绿斑或灰绿斑,常扩散到叶缘,并迅速变为黄褐色,随后叶脉间和叶缘坏死,叶片脱落,顶部呈莲座状叶丛,叶片薄而色淡;严重时,果实不能正常成熟,果小着色不良,风味差。

6. 硼素失调

苹果缺硼症主要表现于果实,也叫做木栓化缩果病。缩果病有两种,一是变成畸形;二是外观虽无变化,但果心木栓化。如果在花瓣脱落后 6 周以内因缺硼而细胞受害,则枯死部木栓化,出现龟裂,果实畸形。例如红玉苹果的果面呈褐色枯死,粗糙并出现裂纹。在生长发育后期缺硼,果皮上不出现缺乏症,果肉一部分木质化或呈海绵状。苹果缺硼首先是当年生新枝上的叶片叶缘向上微卷,叶脉扭曲,叶柄变粗,叶片呈红色或暗紫色,出现叶烧,新叶变细、萎缩且密生,叶片提早脱落,形成枯梢;幼果果皮出现水浸状斑点,坏死干缩而凹陷不平,异常落果或形成干缩果;后期缺硼果实的果肉局部坏死,呈棕褐色,同时形成空洞状,味苦。苹果硼过剩症状为果实着色快,落果多。而且即使正常成熟,也会导致储藏性能下降。此外,过剩严重时,将会引起枝枯。

7. 锌素失调

苹果缺锌出现典型的"小叶病"。新梢节间极度缩短,腋芽萌生,形成大量细瘦小枝,新梢缩短,呈密生丛生状;枝顶轮生小型黄化畸形叶,密生成簇,又名簇叶病;幼叶变小、变窄,出现鲜明的黄斑;严重时新梢由上而下枯死;果实小,色不正,品质差。

8. 铁素失调

苹果缺铁新梢顶端叶片黄白化,严重时整叶白化,叶缘呈褐色烧焦状坏死,新梢也有"枯梢"现象。

9. 锰素失调

苹果缺锰叶脉间失绿,呈浅绿色,有斑点,从叶缘向叶中脉发展。严重缺锰时,脉间为褐色并坏死,叶片全部为黄色,失绿遍及全树。苹果锰过剩时,功能叶叶缘失绿黄化,并逐渐沿脉间向内扩展,随着中毒症状的加重,失绿部位出现褐色坏死斑,异常落叶;树干上也会出现黑褐色的坏死斑,不仅表皮组织坏死,对应部位的韧皮部组织也同样坏死而呈褐色。

10. 铜素失调

苹果缺铜时已经生长健壮的顶梢枯死;顶叶发生坏死斑点和褐色斑疤,叶脉残留绿色似网眼状,随后顶梢萎凋而死;在下一个生长季,从枯死点以下的芽再生新的枝梢,年复一年,如此枯梢,使受害的植株表现丛生,矮化。

11. 钼素失调

苹果在果实膨大期易缺钼,症状为叶片出现黄褐色斑点,严重缺乏时,叶片脱落,只留下果实。

(二)苹果病虫害防治

我国记载的苹果病虫害有 117 种,其中真菌病害 84 种,细菌病害 2 种,病毒病害 8 种,线虫病害 14 种,其他 9 种。危害苹果的害虫 769 种,其中食心虫类、叶螨类和卷叶虫类危害严重。

1. 苹果树腐烂病

苹果树腐烂病俗称烂皮病,是我国北方苹果树的主要病害。苹果树腐烂病除危害苹果及苹果属植物外,还可危害梨、桃、樱桃、梅等多种落叶果树。

(1)症状

腐烂病主要危害枝干,导致皮层腐烂坏死。溃疡型症状多发生在主干和大枝上,以主枝与枝干分杈处最多。春季病斑近圆形,红褐色,水浸状,边缘不清晰,组织松软,常有黄褐色汁液流出,有酒糟味。揭开表皮,可见病组织呈红褐色乱麻状;后期病部失水干缩下陷,病健交界处裂开,病皮上产生很多小黑点。天气潮湿时,小黑点上涌出黄色、有黏性的卷须状孢子角;严重时,病斑环绕枝干一周,受害部位以上的枝干干枯死亡。枝枯型症状多见于2～4年生的小枝条、果台等部位,病斑形状不规则,扩展迅速,很快环绕枝一周,造成枝条枯死(图 3-1)。

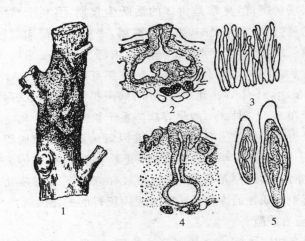

图 3-1 苹果树腐烂病

1.病枝干(溃疡型) 2.分生孢子器 3.分生孢子梗和

分生孢子 4.子囊壳 5.子囊及子囊孢子

（2）病原

苹果黑腐皮壳菌，属子囊菌亚门黑腐皮壳属。无性阶段为半知菌亚门壳囊孢属（*Cytospora* sp.）。分生孢子器黑色，内分成几个腔室，各室相通，具一共同孔口。分生孢子无色，单胞，香蕉形，内含油球。子囊壳黑色，球形或烧瓶状，具长颈；子囊孢子无色，单胞，香蕉形。

（3）发病规律

病菌主要以菌丝体、分生孢子器和子囊壳等在病组织内越冬。分生孢子器可持续产孢两年。翌春，雨后或潮湿时产生孢子角，分生孢子通过雨水冲溅或昆虫传播，经伤口、皮孔侵入。子囊孢子也能侵染。腐烂病菌是弱寄生菌，当其侵入寄主后，并不立即致病，而是处于潜伏状态，只有树体或局部组织衰弱抗病力降低时，病菌才迅速扩展，使寄主表现症状。

腐烂病的年发病周期始于夏季，病菌先在落皮层上定殖扩展，形成表层溃疡斑；但夏季是树体的活跃生长期，不利于病菌扩展；秋末冬初，树体进入休眠期，生活力减弱，表皮层病菌向纵深扩展，侵入健康组织，形成坏死点；深冬季节，内部发病数量激增，但不表现明显症状。在环渤海地区，腐烂病一年有两个高峰。一是早春2月开始发生，3～4月达到高峰，此时病斑扩展最快，危害严重；另一个高峰在9～10月。一般早春病势重于秋季。

苹果树腐烂病发生和流行的关键因素是各种导致树势衰弱的因素，如土壤瘠薄、干旱缺水、其他病虫害危害严重、树体负载量过大、树体冻伤、病斑刮治不及时、病枯枝和修剪下的树枝处理不妥善等。其中周期性的冻伤是病害大规模流行的主要因素。

（4）防治措施

①提高树体抗病力。加强栽培管理，增强树势，提高抗病力。主要措施是：合理调整结果量，结果树应根据树龄、树势、土壤肥力、施肥水平等合理调整结果量；实行科学施肥，防止氮肥过多，注

意磷、钾肥适当配合；合理灌水，实行"秋控春灌"；及时防治早期落叶病害和其他害虫，增加树体营养积累，促进树势健壮。

②树干涂白。冬前和早春进行树干涂白，起降低树皮温差、预防冻害和日烧作用，对腐烂病有很好的防治作用。

③注意果园卫生，消灭菌源。病死的枝、树和刮下的病残体等要及时带出果园集中烧毁。

④预防保护。剪锯口等伤口用煤焦油或油漆封闭，减少病菌侵染。早春树体萌动前，喷杀菌剂保护，可用 3～5 波美度石硫合剂、5％菌毒清水剂 50～100 倍液全树喷雾一次。

⑤生长季及时刮除病斑。做到春季突击和常年结合的办法，刮治一要刮彻底，除彻底刮去腐烂变色的组织外，还要刮去 5 mm 左右的好皮；二要光滑，刮成梭形、不留死角，不急拐弯，不留毛茬；三要表面涂药，药剂有 5％菌毒清水剂 20～30 倍液、10 波美度石硫合剂、30％福美砷·腐殖酸钠（腐烂敌）可湿性粉剂 20～40 倍液、腐殖酸·铜（843 康复剂）原液等。

⑥及时桥接。为了减少刮治后造成的皮层大量破坏，影响树干和大枝养分、水分的运输，可用枝条桥接或脚接法补救，以加速树势恢复。

2. 苹果轮纹病

苹果轮纹病又称粗皮病、轮纹褐腐病，主要危害枝干和果实，可使树势削弱，造成采收前、后大量烂果，严重时烂果率可达 70％～80％。轮纹病除危害苹果外，还可危害梨、山楂、桃、栗、枣等果树。

(1)症状

轮纹病主要危害枝干和果实。枝干受害，以皮孔为中心产生直径 0.5～3 cm 不等的近圆形或不规则形褐色病斑。病斑中心疣状隆起，质地坚硬，边缘开裂，成一环状沟。翌年病健部裂纹加深，病组织翘起如"马鞍"状，病斑表面产生小黑点，病斑连片，使表皮粗糙,且多数病斑限于表层,故有粗皮病之称。果实受害,以皮孔为中心,产生近圆形褐色病斑。病斑扩展迅速,使果实呈红褐色腐烂,有明显同心轮纹,病斑不凹陷,烂果不变形,常发出酸臭气味,病部表面逐渐产生很多散生小黑点(图3-2)。

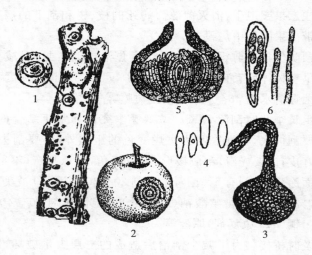

图 3-2　苹果轮纹病
1.病枝及病瘤　2.病果　3.分生孢子器　4.分生孢子
5.子囊壳　6.子囊和子囊孢子

(2)病原

梨生囊孢壳,属子囊菌亚门囊孢壳属,有性阶段不常出现;无性阶段为轮纹大茎点菌,属半知菌亚门大茎点属。分生孢子器扁圆形,具乳头状孔口,分生孢子无色,单胞,纺锤形或长椭圆形。

(3)发病规律

病菌主要以菌丝体、分生孢子器和子囊壳在病枝干上越冬,菌丝在枝干组织中可存活4～5年。在北方病斑上的子实体于次年4～6月产生孢子,孢子借雨水飞溅传播,经皮孔侵入。轮纹病菌具有潜伏侵染特点,病菌侵染果实的持续时间较长,从落花后1周直至果实成熟期。但幼果受侵染后,需经较长时间(幼果期侵染的潜伏期为 80～150 天,后期侵染的为 18 天左右)才能表现症状。轮纹病发病期集中在果实接近成熟之后,特别以采收期和储藏期发病最严重。一般早熟品种在采收前 30 天左右、晚熟品种采收前 50～60 天开始发病,采收后 10～20 天为发病高峰。

轮纹病菌是一种弱寄生菌,衰弱植株、老弱枝干及弱小幼树易感病。所以果园管理粗放、枝干害虫发生重、结果大小年现象严重、肥水不足、修剪不当等造成树势衰弱时,病害均易发生。

气候条件是影响轮纹病发生和流行的主要因素,气候条件中又以降雨最为关键。春季气温 15 ℃,相对湿度 80% 以上或有 10 mm 以上的降雨时,有利于病菌孢子扩散和侵入。病菌首先侵染枝干,花后直至采收,枝干、果实均可受害。因此,在果树生长前期,降雨早、次数多、雨量大,孢子散发早、多,侵染严重;若果实成熟期遇高温干旱则受害加重。苹果的不同品种间抗病性差异明显。皮孔密度大、细胞结构疏松的品种相对感病。苹果中富士、黄元帅、寒富、红星、印度、青香蕉等品种发病较重;国光、祝光、新红星、红魁等发病较轻。

(4)防治措施

①加强果园管理。选择无病区培育无病壮苗;合理修剪,调节树体负载量,控制大小年现象发生;增施有机肥或果树专用肥,增强树势,提高树体抗病力;早期剪除病枝、摘除病果,及时防治各种病害及蛀干害虫;在幼果期套袋,防止病菌侵染。

②刮除病皮。冬季和早春刮除病皮,刮后用 5～10 波美度石硫合剂、50% 甲基硫菌灵可湿性粉剂 50 倍液、5% 菌毒清 20～50 倍液等消毒处理。

③早春药剂保护。果树萌芽喷药保护,药剂可选用 5% 菌毒清水剂 50～100 倍液、松焦油原液(腐必清)100 倍液、0.3% 五氯酚钠与 1～3 波美度石硫合剂混合液(现混现用)等。

④药剂防治。落花后开始,可选用 40％氟硅唑乳油 7 000～80 000 倍液、6％氯丙嘧啶醇(乐比耕)可湿性粉剂 4 000 倍液、50％多菌灵可湿性粉剂 600 倍液＋90％疫霜灵可溶性粉剂 600 倍液等喷雾。

⑤储藏期管理。果实采收及入库前淘汰病、伤果。储藏库使用前可用硫黄或仲丁胺等熏蒸剂进行消毒。果实入库后低温储藏,温度保持在 1～2 ℃,可减轻病害的发生。

3. 苹果斑点落叶病

苹果斑点落叶病又称褐纹病。我国自 20 世纪 70 年代后期陆续发现,80 年代后成为各苹果产区的重要病害。病害发生后,7～8 月间新梢叶片大量染病,造成提早落叶,严重影响树势和次年的产量。

(1)症状

斑点落叶病主要危害叶片,特别是展叶 20 天内的嫩叶。叶片染病,出现直径 2～6 mm 大小不等的红褐色病斑,边缘紫褐色,病斑中央常具一深色小点或同心轮纹。潮湿时,病部正反面均可长出墨绿至黑色霉层;数个病斑相连,导致叶片焦枯脱落;嫩叶染病常扭曲畸形(图 3-3)。果实受害多在近成熟期,果面上产生红褐色的小斑点。

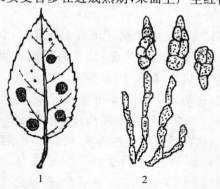

1   2

图 3-3　苹果斑点落叶病

1. 病叶　2. 分生孢子梗及分生孢子

（2）病原

链格孢菌苹果专化型，属半知菌亚门链格孢属。分生孢子梗成束，暗褐色，弯曲，有隔膜；分生孢子暗褐色，单生或串生，倒棍棒状或纺锤形，有短喙，具横隔和纵隔。

（3）发病规律

病菌以菌丝在病叶、枝条或芽鳞中越冬，翌春产生分生孢子，随气流、风雨传播。发病最适温度 28～31 ℃。病害在一年中有两个发生高峰，分别为 5 月上旬至 6 月中旬和 9 月。病害流行年份可使春、秋梢叶片大量染病（6～8 月），严重时造成落叶。

病害的发生和流行与气候、品种、叶龄密切相关。高温多雨病害易发生，春季干旱年份，病害始发期推迟；春、秋梢抽生期间雨量大，发病重；树势衰弱、通风透光不良、地势低洼、枝细叶嫩等易发病。另外，苹果不同品种间存在抗病性差异，一般叶龄 20 天以上的叶片不易感病。

（4）防治措施

①利用抗病品种。红星、红元帅、印度、青香蕉、北斗易感病；富士系、金帅系、鸡冠、祝光、嘎啦、乔纳金等发病较轻。

②加强栽培管理。秋冬季结合修剪清除果园内病枝、病叶，减少初侵染源；夏季剪除徒长枝，改善果园通透性，注意低洼地的排水，降低果园湿度；合理施肥，增强树势，提高树体的抗病力。

③药剂防治。病叶率 10％左右为用药适期。可选用 1∶2∶200 波尔多液、10％多抗霉素可湿性粉剂 1 000～1 500 倍液、70％代森锰锌可湿性粉剂 400～600 倍液、50％异菌脲可湿性粉剂 2 000 倍液、75％百菌清可湿性粉剂 800 倍液等喷雾防治。

4. 苹果褐斑病

苹果褐斑病是引起苹果早期落叶的主要病害之一。主要危害苹果、沙果、海棠、山定子等，流行年份，造成大量落叶，影响果品质量，削弱树势。

（1）症状

苹果褐斑病主要危害叶片，也可危害果实。叶斑多为褐色，边缘绿色不整齐，故又称绿缘褐斑病，病叶易早期脱落。叶片上的病斑有三种类型：同心轮纹型，病斑圆形，直径 1～2.5 cm，正面中心暗褐色，边缘黄色，病斑周围有绿色晕圈，病斑上有轮状排列的小黑点，背面暗褐色，边缘浅褐色，无明显边缘；针芒型，病斑小，边缘不整齐，明显呈针芒放射状，后期叶片变黄，病斑周围及背面仍保持绿色；混合型，病斑暗褐色，较大，近圆形或不规则形，其上生有小黑点，但不呈同心轮纹，后期病斑中心灰白色，边缘仍保持绿色，有时边缘呈针芒状（图 3-4）。

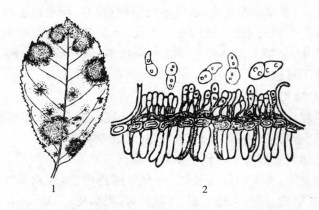

图 3-4 苹果褐斑病

1. 病叶　2. 分生孢子盘及分生孢子

（2）病原

苹果盘二孢，属半知菌亚门盘二孢属。病斑上所见小黑点为病菌的分生孢子盘，分生孢子梗栅状排列，顶生分生孢子，分生孢子无色，双胞，中间缢缩，上大而圆，下小而尖，呈葫芦状。

（3）发病规律

病菌以菌丝、分生孢子盘和子囊盘在落叶上越冬。次年雨后产生分生孢子和子囊孢子,借风雨传播。褐斑病的发生和流行与降雨量关系最为密切,不同年份发病早晚和轻重差异很大。降雨早而多的年份,发病早而重;春旱年份发病晚而轻;有些地区降雨虽少,但雾露重,发病也重。北方褐斑病多在 5 月下旬至 6 月上旬始见病叶,7～8 月进入发病盛期。

幼树发病轻,结果树发病重;树冠内膛和下部比外围和上部发病重;果园地势低洼,排水不良,病虫害严重时,褐斑病发生都较重。苹果品种间存在抗病性差异。富士、元帅、红星、国光易感病,祝光、青香蕉等抗病。

（4）防治措施

加强栽培管理:秋冬季彻底清扫果园内落叶,结合修剪清除病枝叶,集中烧毁;增施有机肥,提高树势;合理修剪,增加树冠通风透光性;做好果园排水工作,以降低湿度,减轻病害。

药剂防治:药剂防治时间可根据发病情况确定。可选用 1：2：200 波尔多液、50％百菌清可湿性粉剂 700～800 倍液、10％多抗霉素可湿性粉剂 1 000～1 500 倍液、70％甲基硫菌灵超微可湿粉 1 000 倍液等。

5. 苹果炭疽病

苹果炭疽病又称苦腐病,是重要的果实病害之一。黄河故道苹果产区危害严重,严重时病果率达 60％～80％。苹果炭疽病除危害苹果外,还能危害梨、葡萄、樱桃、山楂、核桃、枣、无花果等多种植物。

（1）症状

苹果炭疽病主要危害果实,也可危害果台和枝干等部位。初期果面出现圆形、淡褐色小斑点,可扩大至全果的 1/3 或 1/2,边缘清晰,病部果肉下陷,并向果心呈漏斗状腐烂,具苦味;后期病部表面生出小黑点,常呈同心轮纹状排列,空气潮湿时,溢出粉红色黏状物(图 3-5)。

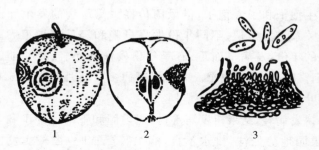

图 3-5 苹果炭疽病

1、2. 病果　3. 分生孢子盘及分生孢子

（2）病原

胶孢炭疽菌，属半知菌亚门炭疽菌属。分生孢子盘成熟后突破表皮，分生孢子梗单胞，无色，栅状排列；分生孢子聚集时呈粉红色，单个孢子无色，长圆柱形或长椭圆形，内含数个油球。

（3）发病规律

病菌主要以菌丝体在僵果、病果台、枯枝、爆皮枝等部位越冬。翌春病菌产生分生孢子通过气流、雨水、昆虫等传播，再侵染频繁。病菌有潜伏侵染的特性，果实多在近成熟期发病，也可在储存期发病。病菌发育温度范围为 12～40 ℃，最适 28～32 ℃，温度在10 ℃时，病害停止扩展；适宜相对湿度 95％以上。在北方苹果产区，一般坐果期病菌开始侵染，果实生长前期（6～7 月）为侵染盛期；果实生长后期进入发病期，一般 7 月后可见病斑，8～9 月为发病盛期。

病害的发生和流行与气候、栽培条件、树势和品种有关。高温、高湿，特别是雨后高温利于病害流行，因此降雨多且早的年份发病严重。此外，树势弱、株行距小、枝叶茂密、杂草丛生、偏施氮肥、地势低洼、排水不良、土壤黏重的果园，病害发生严重；苹果品种间抗性差异较大，元帅、富士、金冠、柳玉、祝光等品种较抗病，国光、秦冠等品种次之。

（4）防治措施

①清除菌源。结合修剪，清除病僵果、枯枝和干枯果台，刮除病皮；生长季节及时摘除初期病果。

②加强水肥管理。增施有机肥和磷钾肥，控制结果量，以增强树势；及时排水和中耕除草，改善果园的通风透光条件，以降低果园的湿度。

③药剂保护。一般从落花后 10 天左右开始喷药防治。可用 1∶2∶（200～240）的波尔多液、6％氯丙嘧啶醇可湿性粉剂 4 000 倍液、70％甲基硫菌灵可湿性粉剂 1 000 倍液、80％炭疽福美可湿性粉剂 500～600 倍液等。

6. 苹果霉心病

苹果霉心病又名苹果心腐病、苹果霉腐病、苹果红腐病、苹果果腐病，由多种真菌混合侵染引起。各地均有发生。

（1）症状

主要危害果实，尤以元帅系品种受害严重。其症状表现为两种：霉心型，在心室内产生灰绿、灰白、灰黑等颜色的霉状物，该霉状物仅局限于心室；心腐型，果心区果肉从心室向外层腐烂，严重时可使果肉烂透，直到果实表面。腐烂果肉味苦，感病严重的幼果，会早期脱落；轻病果可正常成熟，但在成熟期至采收后果实心室仍可发病。

（2）病原

为多种真菌混合侵染引起的，只要是产生黑色菌丝体的链格孢菌，产生红色或粉红色霉层的粉红聚端孢菌，产生白色或桃红色霉状物的镰刀菌，产生灰白色稀疏霉状物的棒盘孢菌，产生灰色菌丝体的头孢霉菌、拟茎点霉菌、青霉等真菌，均属半知菌亚门。形态：链格孢菌分生孢子卵形，多胞，黑褐色，串生，大小（51～25）$\mu m \times$ 36 μm。粉红聚端孢分生孢子梗直立，无色，细长；分生孢子洋梨形，聚生，无色，大小（14～24）$\mu m \times$（7～14）μm。镰刀菌分生孢子梗无色,大型分生孢子镰刀形,大小$(20\sim60)\ \mu m\times(2\sim4.5)\ \mu m$,小型分生孢子椭圆形,大小$(4\sim30)\ \mu m\times(1.5\sim5)\ \mu m$。棒盘孢菌分生孢子梗无色至淡褐色,圆柱状;分生孢子褐色,棒状或纺锤形,表面光滑。

寄主:苹果等。

(3)发生规律

病原在病僵果、坏死组织内、芽鳞片间越冬。条件适宜时通过气流传播,在苹果开花期通过柱头侵入危害。

侵入时期:花期侵入。6月可见病果脱落,以果实生长后期脱落增多。有些病果在储藏期才表现症状。

寄主抗性:苹果各品种间,凡果实萼口大、萼筒长与果心相连的易发病;萼口小、萼筒短的则较抗病。此外,霉心病的发生轻重,与果型指数、果实硬度、果个大小等因素,也有一定关系。果型指数大,果实硬度高,发病较轻;中心果较边果发病重。

气候:花期前后降雨早、次数多、雨量大利于发病。

栽培因素:果园管理粗放、四周杂草很多,果树结果量大,有机肥不足,矿质营养不均衡,地势低注,树冠郁闭,树势衰弱等,均有利于发病;套袋果霉心病明显高于不套袋果。

储运:采收后,果实发病轻重与储藏条件密切相关。在0 ℃条件下储藏,病害不能发展;在0 ℃以上时,随着储藏温度的提高,发病逐渐加重,特别是达到10 ℃以上时,心腐率显著增多。

(4)防治措施

农业防治:采收后清除果园内的病果、病叶、病枝和杂草,刮除病皮。合理修剪,保持园内通风透光;增施有机肥料,合理灌水,及时排涝,防止地面长期潮湿。幼果形成期套袋。

化学防治:清除病果、僵果和病枝后喷洒3~5波美度石硫合剂加0.3%五氯酚钠。套袋前先喷1∶2∶200倍波尔多液。花前、花后及幼果期喷1∶2∶200倍波尔多液,或50%异菌脲可湿性粉剂 1 500 倍液,或 3％克菌康可湿性粉剂 1 000 倍液,或 70％甲基硫菌灵可湿性粉剂 1 000 倍液,或 50％多霉灵可湿性粉剂 1 500 倍液,或 50％苯菌灵可湿性粉剂 1 500 倍液,或 10％多氧霉素可湿性粉剂 1 000～1 500 倍液,或 15％三唑酮可湿性粉剂 1 000 倍液。杀菌剂与保湿剂混合喷洒,效果更好。

储藏:发展简易气调储藏或冷藏,储藏期果库温度应保持在 0.5～1 ℃,相对湿度在 90％左右。

7. 苹果蝇粪病

苹果蝇粪病又名苹果污点病,苹果蝇粪病在各地均有发生。

(1)症状

先在果柄周围出现蝇粪似的针尖大小的黑点,圆形或不规则状。随果实的成熟,小黑点逐渐凸出,病斑周围呈油渍状,严重的布满整个果实。病斑为集中在一起的许多小黑点,黑点光亮。

(2)病原

仁果细盾霉,属半知菌亚门腔孢纲球壳孢目。形态:分生孢子器为圆形、半圆形或 . 椭圆形,器壁细胞略呈放射状。器壁组成细胞呈放射状。未见形成真正的分生孢子。寄主:苹果等。

(3)发病规律

病原在苹果芽、果台、僵果和枝条上越冬,果园附近的梨、杏、李树枝也是其越冬场所。春天后期借雨水传播,形成初侵染。

时期:果实近成熟时发生,6 月上旬至 9 月下旬均可发病,集中侵染期 7 月初至 8 月中旬。

气候因素:高温多雨利于病原繁殖。

栽培因素:果园周围种有梨等寄主,修剪不当,低洼积水,树冠过密,管理粗放,发病重。

(4)防治措施

农业防治:落叶后结合修剪,剪除病枝集中烧毁,减少越冬菌源。修剪时,尽量使树膛开张;雨后及时排涝;在草籽发芽后及时中耕除草一次；在苹果周围不宜种植梨、杏、李等寄主果树。

化学防治：在叶片及果实表面喷布植物保护膜，形成一层均匀的膜，黏着能力强干燥快，只需 30 分钟不下雨即可达到喷药效果，对煤污病防治效果好。夏季多雨时，结合防治果实轮纹病和褐斑病，喷药兼治本病，或在发病初期喷药防治，药剂可选用 100～200 倍石灰乳液，或 1：2：200 倍波尔多液，或 80% 大生 M-45 水剂 600～800 倍液，或 50% 退菌特可湿性粉剂 800 倍液。隔 10 天左右施药一次，共防 2～3 次。降雨量大，雨露日多，或通风不良的山沟果园，应喷药防治防治 3～5 次。

8. 苹果黑点病

苹果黑点病是 20 世纪 90 年代国内苹果上发现的一种新病害，主要在苹果果实皮孔部位形成浅层小黑点，影响苹果外观和经济价值。目前在少数地区有加重的趋势。甘肃、陕西、山西等省的部分苹果园发生。

（1）症状

苹果黑点病主要危害果实，枝梢和叶片也可受害。

枝干：产生圆形或近圆形褐色斑点，后期上面长出黑色小粒点。

叶片：在叶面上产生圆形或近圆形褐色斑点，后期上面长出黑色小粒点。

果实：发病初期围绕皮孔，出现深褐色至黑褐色或墨绿色病斑，病斑大小不一，小的似针尖状，大的直径 5 mm 左右。病斑形状不规则稍凹陷，果肉稍有苦味，周围有红色晕圈，与苹果痘斑病相似。病斑上长出的小黑点，为病菌的分生孢子座或菌丝结。在果实成熟期和储藏期形成分生孢子器。

（2）病原

苹果斑点小球壳菌，属子囊菌亚门真菌。

形态：子囊苹果斑点小球壳菌子囊座大小 70～100 mm，子囊长 40～66 μm，宽 8～10 μm。子囊孢子 19～3.5 μm。分生孢子器。

埋生于寄主表皮后外露。分生孢子线状,大小$(5\sim8)$ $\mu m\times(1.5\sim2)$ μm。

寄主:苹果、海棠和花红等果树。

(3)发病规律

病原在落叶或发病果实病部越冬。春天病果腐烂,病部的小黑点,即病原的子座、子囊壳或分生孢子器,产生子囊孢子或分生孢子进行初侵染或再侵染,苹果落花后 $10\sim30$ 天易发病,7月上旬开始发病,潜育期 $40\sim50$ 天,雨季进入发病高峰。

寄主抗性:不同品种间发病程度有明显差异。斑点落叶病和霉心病发生严重的果园,黑点病发生也较重。

气候因素:高温高湿是此病流行的重要条件。尤其是果实套袋后至摘袋前,如果持续干旱或风调雨顺,没有较长时间降雨或者雨后气温不高,空气湿度不大,此病不会发作,反之则会流行。

果园管理水平:果园综合管理水平较高的果园发病轻,坡地果园比平地果园发病轻,树体长势强健、枝条稀疏、通风透光条件好的果园发病轻;反之则发病重。

果实套袋:套袋果处在不同于自然状态的微环境中,温度高、透气性差、湿度大,给病菌侵入、繁殖创造厂适宜条件,尤其易积水的萼洼、梗洼处,在袋内,高湿状态持续时间较长,没有喷有效药剂的情况下,极易引起该病发生。若使用劣质育果袋,更会加重该病发生。

(4)防治措施

农业防治:选栽抗病品种,国光、乔纳金发病较轻。及时清除病残体并捡拾落果,集中深埋或烧毁。通过修剪,改善通风透光条件。果园行间种植白三叶草,可改良土壤、培肥地力。选择透气性好、疏水性强、做工精细的双层三色优质纸袋套袋。连阴雨后又遇高温的天气,应及时解袋抽查袋内果实,若发现黑点病症状应及时剪开大果袋底角的排水通气,不能摘除果袋,以免天晴后发生日灼。降大雨后及时排除树盘积水,划锄散墒,保持土壤湿度的相对稳定。严格控制 7～8 月施用氮肥。

化学防治:套袋前后细致喷 4％农抗 120 水剂 600 倍液,或 60％防霉宝可湿性粉剂 800～1 000 倍液,或 10％世高水分散粒剂 2 000～3 000 倍液,或 80％大生 M－45 水剂 1 000 倍液,或 80％喷克可湿性粉剂 800 倍液,或 40％易保乳油 1 200 倍液。除袋前可喷 2 次 3％多氧霉素 800 倍液。

苹果其他病害见表 3-1。

表 3-1　苹果其他病害

病害名称	症状特点	发病规律	防治要点
苹果白粉病	主要危害叶片,表面布满白粉,后期产生黑色小粒点(闭囊壳)。春季病芽发出的新梢表面布满白粉,节间短,叶窄小	以菌丝潜伏在冬芽的鳞片间或鳞片内越冬,顶端四个芽带菌率高。气流传播,春秋危害。高温干旱易发生。品种间抗病性不同	结合修剪,剪除病梢病芽。发芽前喷 5 波美度石硫合剂。发病初期喷三唑酮、烯唑醇等
苹果锈果病类病毒	症状可分为三种类型:锈果型,在果实上形成五条木栓化铁锈色病斑,后期发生龟裂;花脸型,果面呈红、黄相间的花脸症状,果面凹凸不平;锈果花脸复合型。还可使国光等品种幼苗顶端叶片向叶背弯曲呈弧形	病原在病树内越冬。主要通过嫁接传播,病、健树根部接触传染,还可通过嫁接、修剪用的刀、剪等工具接触传播,病树种子、花粉均不传染。带病接穗及苗木是扩大危害的主要途径。梨树可以携带该病的病原,但不显症	选用无毒接穗及砧木;发现病苗、病树,立即连根刨除;避免与梨树混栽;注意嫁接、修剪工具的消毒,不用修剪过病树的工具处理健树

续表 3-1

病害名称	症状特点	发病规律	防治要点
苹果 干腐病	枝干发病，初期病斑暗红色，长条形或不规则形，表面湿润，有茶褐色黏液溢出。后病皮逐渐干缩凹陷，变为黑褐色，病皮紧贴而坚硬，表面密生小黑点，病健分界处常裂开。果实受害与轮纹病难辨	病菌在病枝干上越冬。伤口、皮孔等侵入，借风雨传播。干腐病菌具有潜伏侵染特性，且寄生力弱。一般干旱年份和年内的干旱季节发病重。红富士、国光、青香蕉等品种受害较重	病发初期可刮去病皮，然后用药剂消毒，药剂有石硫合剂、菌毒清、松焦油原液（腐必清）等。其他参见苹果腐烂病、轮纹病

9. 桃小食心虫

桃小食心虫又名桃蛀实蛾，简称桃小，属鳞翅目蛀果蛾科。桃小在国内各果区都有发生，是苹果、梨和山楂的重要害虫之一，还危害枣、花红、海棠、槟子、桃、李、杏等。

危害苹果时，初孵幼虫多从果实的酮部和顶部蛀入，经过 2～3 天蛀入孔流出透明的水珠状果胶滴，俗称"淌眼泪"。不久果胶滴干涸，在蛀入孔处留下一小片白色粉状物。随着果实的生长蛀入孔愈合成为一针尖大小的小黑点，周围凹陷。幼虫蛀果后不久，若被药剂杀死，则蛀入孔愈合成为稍凹陷的小绿点，俗称"青丁"。幼虫蛀入后在果内纵横串食，被害果表面凹凸不平，俗称为"猴头果"。近成熟果被害，果内虫道充满红褐色虫粪，俗称"豆沙馅"。幼虫老熟后，在果面咬一直径 2～3 mm 的圆形脱果孔脱出，孔口外常堆积新鲜虫粪。

（1）形态特征

成虫灰白色或灰褐色，体长 5～8 mm。前翅中央近前缘处有一明显的蓝黑色的三角形斑。下唇须 3 节，雌蛾下唇须长而直，稍向下方倾斜，雄蛾短而上翘。卵近似桶形，橙红色至深红色，顶部环生 2～3 圈白色 Y 状刺毛。幼虫淡黄白色，老熟幼虫桃红色，体长 13～16 mm。茧有夏、冬茧之分。夏茧纺锤形,长约 7～10 mm,质地疏松较薄,一端有羽化孔。冬茧扁球形,直径 5～6 mm,质地致密较厚(图 3-6)。

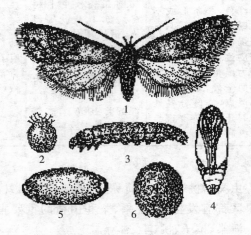

图 3-6　桃小食心虫
1. 成虫　2. 卵　3. 幼虫　4. 蛹　5. 夏茧　6. 冬茧

(2)发生规律

桃小食心虫在我国北方苹果产区一年发生 1～2 代,在山楂、梨树上发生一代。以老熟幼虫做冬茧在 3～13 cm 土层中越冬。在平地果园中,如果树盘土层较厚,土壤松软,无杂草,冬茧主要集中在树冠下距树干 1 m 范围内为最多。此外,凡是堆放过果实的地方,都可能有较多数量的冬茧。翌年在条件适宜时,越冬幼虫咬破冬茧爬到地面,寻找隐蔽的地方,如靠近树干的石块和土块下,作夏茧化蛹。

越冬幼虫的出土时期,因地区、年份和寄生的不同而异。在辽南、辽西苹果产区,越冬幼虫一般在 5 月中旬开始出土,7 月中下旬基本结束。出土盛期在 6 月中下旬。桃小越冬幼虫出土时期前后连续长达 2 个月左右,发生不整齐,给防治带来困难。

幼虫出土与气候条件关系密切。当旬平均气温达到 16.9 ℃,土温达到 19.7 ℃时,越冬幼虫开始出土,如果有适宜的雨水,即可连续出土。5～6 月如果雨水较多且较早,越冬幼虫出土盛期就会提前,每当降雨当天或次日,幼虫出土数量明显增多。越冬幼虫从出土作茧到羽化为成虫,最短需 14 天,最长 19 天,平均为 18 天。

越冬代成虫发生在 6 月上旬至 8 月中旬,盛期在 6 月下旬至 7 月中旬。成虫昼伏夜出,有趋光性,卵主要产在果实的萼洼处,少数产在梗洼、胴部或果梗上。越冬代成虫产卵对苹果品种有选择性。在金冠品种上产卵最多,红玉、元帅和赤阳等中熟品种上也较多,但在国光、白龙等晚熟品种上很少产卵或不产卵。因此,树上喷药防治第一代卵和初孵幼虫时,应以金冠、元帅等品种为主,对国光等可酌情不喷药。

第一代卵的发生期在 6 月上旬至 8 月中旬,盛期常在 6 月下旬至 7 月上旬,卵期 7 天。初孵化幼虫先在果面爬行数十分钟到数小时,选择适宜部位蛀入果中。第一代幼虫的脱果期从 7 月中旬至 9 月上旬,盛期在 7 月下旬至 8 月上旬。第一代幼虫脱果落地后,其中早脱果的幼虫,寻找适宜的场所,在地面做夏茧化蛹羽化为成虫,继续发生第二代,从幼虫落地到羽化为成虫平均需 12 天。晚脱果的幼虫,多潜入土中做冬茧越冬。一般在 7 月 25 日以前脱果的,几乎都不滞育,继续发生第二代;8 月中旬脱果的,约有 50% 幼虫滞育;8 月下旬脱果的,几乎全都滞育。

成虫的繁殖力、卵的孵化率与温湿度有密切关系。温度在 21～27 ℃,相对湿度在 75% 以上,对成虫的繁殖和卵的孵化都较有利。

(3)预测预报

地面防治适期预测:选择上年桃小发生严重的果园,面积约 1.3 hm²,最好为主栽品种,按五点式选取中部 5 株树,株距 30～50 m,在每株树外围距地面高 1.5 m,各悬挂一个性诱剂诱捕器。

诱捕器可用口径 16 cm 的碗（或罐头瓶）。用铁丝穿一诱芯（含性诱剂 0.5 mg），横置碗上中央部位，碗内放 0.1％洗衣粉水溶液，诱芯距水面 1 cm。从 5 月底至 9 月中旬每天上午检查诱蛾数量，做好记录，并将成虫捞出杀死。要注意经常加水，保持器内水位，诱芯每代更换一个。当桃小性诱剂诱捕器内诱到第一头雄蛾，表示越冬幼虫出土已到始盛期，即为地面施药的适宜时期。

树上防治时期预测：在悬挂诱捕器果园中，当诱到第一头成虫时，随即在挂诱捕器树的邻近处，选定金冠苹果树 5～10 株作定树定果调查。每株树按照不同方位，用布条或塑料条标记固定若干枝条。将调查果疏成单果或双果，每株调查 50～100 个果，总共调查 500～1 000 个果。每 3 天用手持扩大镜检查果实萼洼的着卵数，进行记载。另外也可在田间进行随机调查，即在一般防治园中，每百株果树随机选择 5～10 株。每株按上梢、内膛、外围和下垂四个部位枝上调查 50～100 个果，共调查 500～1 000 个果。

当诱捕器诱到第一头成虫时，即应发出警报。当诱蛾头数连日增加，同时田间第二次调查卵量继续上升，卵果率达到 0.3％～0.5％时，即应进行第一次树上喷药。当成虫数量连续激增，大量产卵，同时个别果"淌眼泪"时，应进行突击防治（1～2 天内打完药）。然后根据第一次药剂防治效果和药后成虫数量消长情况，确定是否喷第二次药。

（4）防治措施

地面药剂防治：可选用 25％辛硫磷微胶囊剂、50％辛硫磷乳油、40.7％毒死蜱乳油等，每次用药剂 7.5 kg/hm²，每隔 15 天左右施一次，酌情连施 2～3 次。施用方法为：药剂、水和细土按 1：5：300 的比例制成药土或加水稀释为 300 倍液，均匀撒、喷施在地面上，然后轻耙。也可应用天敌线虫、白僵菌等地面防治。

树上药剂防治：当卵果率达到 0.5％～1.0％时立即喷药防治。常用药剂有：2.5％高效氟氯氰菊酯乳油 2 000～3 000 倍液、4.5％

高效氯氰菊酯乳油 2 000～3 000 倍液、40.7％毒死蜱乳油 1 000～
1 500 倍液、25％灭幼脲悬浮剂 500～1 000 倍液等。

人工防治：处理其他越冬场所、摘掉虫果、诱集出土幼虫及果
实套袋等。

10. 苹果小卷叶蛾

苹果小卷叶蛾又名棉褐带卷叶蛾，俗名卷叶虫、舔皮虫，属鳞
翅目卷叶蛾科。寄主植物有梨、苹果、桃、石榴等多种果树。幼虫
危害嫩芽、花蕾，影响开花、坐果；稍大后幼虫将嫩叶边缘卷曲，在
其内舔食叶肉；或吐丝缀合嫩叶，啃食叶肉；或将 2～3 张叶片平
贴，将叶片食成孔洞或缺刻；或将叶片平贴果实上，或在"嘟噜果"
之间啃食果皮，常形成木栓化的大小不等的干疤。

(1)形态特征

成虫体长 5～8 mm，一般为黄褐色。前翅略呈长方形，静止时
覆盖在体躯背面，呈钟罩状。中带由前缘向后缘斜伸，并在中部加
宽分叉伸向臀角呈"h"形，端纹扩大并延伸到臀角呈三角形，后翅
淡灰褐色。卵扁平椭圆形，卵块多数十粒排列成鱼鳞状。老熟幼
虫体长 13～18 mm，小幼虫胴部黄绿色。长大后呈翠绿色，头部黄
绿色，前胸盾、胸足黄色或淡黄褐色。头部较小，略呈三角形，头
壳两侧单眼区上方各有一黑色斑点。臀栉 6～8 齿。蛹长 7～
10 mm，黄褐色(图 3-7)。

(2)发生规律

在辽宁、华北地区一年发生 3 代，山东、江苏、安徽等地区 3～4
代。主要以 2 龄幼虫潜藏在树皮裂缝、老翘皮下、剪锯口周围的死
皮中、枯叶与枝条贴合处等部位结长形白色薄茧越冬。越冬幼虫
在树体上的分布因树龄不同而异。在结果大树上，以主枝、主干下
部的树皮裂痕、翘皮下越冬幼虫为多。在小树上主要在中上部的
剪锯口和枯叶贴枝条处居多。

翌年国光花芽开绽至现蕾期，越冬幼虫开始出蛰，出蛰盛期在国

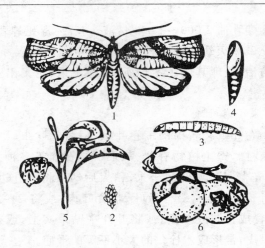

图 3-7　苹果小卷叶蛾
1. 成虫　2. 卵块　3. 幼虫　4. 蛹　5、6. 为害状

光开花前至开花终期,此期出蛰数量占总数的 70％～80％。出蛰终止期在国光落花后 25 天左右。在辽南果区,各代成虫发生盛期为:越冬代在 6 月上中旬;第一代 7 月中上旬;第二代在 9 月上中旬。

成虫对糖醋、果醋、黑光灯有较强趋性。每头雌蛾产卵 1～3 块,平均为 109 粒。卵块多产在叶片背面,少量产在果面上。初孵幼虫多潜藏在卵块附近叶背的丝网下,或前代幼虫的卷叶内,稍大后则分散各自卷叶危害。幼虫活泼,行动迅速,受惊动可倒退翻滚,并吐丝下垂逃逸。幼虫有转迁危害习性,当食料不足时,常转迁到另一新梢上继续危害。老熟幼虫在卷叶或缀叶间化蛹。羽化时蛹壳一半抽到卷叶或缀叶外。幼虫期平均 18.7～26 天。蛹期 6～9 天。

苹果小卷叶蛾成虫产卵和卵的孵化,都要求较高湿度,如果相对湿度低于 50％,成虫产卵受到抑制,并且卵的孵化率也明显降低。因此在多雨高温年份,苹果小卷叶蛾发生危害常较重。苹果小卷叶蛾天敌主要有松毛虫赤眼蜂、卷叶蛾肿腿蜂、广大腿小蜂、卷叶蛾聚瘤姬蜂、白僵菌等。

（3）预测预报

越冬幼虫基数调查：在越冬幼虫出蛰前（4 月上旬前），选择果园主栽品种的果树各数株，调查剪锯口、枝杈处、树皮裂缝和翘皮等部位越冬幼虫的数量。一般大树平均每株有越冬幼虫 50 头以上时，即应加强防治。

越冬幼虫出蛰时期预测：选择上年卷叶蛾发生较多的果园，固定 3～5 株树，一般自 4 月上旬至 6 月上旬，每隔 2～3 天调查一次。同时在果园内随机取样进行调查，每次调查虫茧数不少于 100 个，记载虫茧数和空茧数，统计越冬幼虫出蛰百分率。当越冬幼虫已经活动但尚未出蛰时，是利用敌敌畏"封闭"防治的关键时期。当越冬幼虫累计出蛰率达 50% 以上时，是药剂防治的关键时期。

越冬代成虫发生盛期预测：采用苹果小卷叶蛾性诱剂诱捕器或糖醋液罐，自 5 月中下旬挂在上年发生害虫较多的果园中，每 2 天调查一次，记载越冬代成虫采集数量。在越冬代成虫发生数量达到高峰时，是释放松毛虫赤眼蜂防治虫卵的适宜时期。当第一代卵孵化达盛期时，是喷药防治第一代初孵幼虫的适宜时期。

（4）防治措施

农业措施：冬、春刮除老、翘皮及梨潜皮蛾幼虫危害的爆皮，消灭其中越冬幼虫。春季结合疏花疏果，摘除虫苞。

药剂防治：果树萌芽初期，幼虫尚未出蛰时用 50% 敌敌畏乳油 200 倍液涂抹剪锯口等幼虫越冬部位，可杀死大部分幼虫。生长季喷雾常用的药剂有 2.5% 溴氰菊酯乳剂 3 000 倍液、25% 灭幼脲悬浮剂 1 000～1 500 倍液、40.7% 毒死蜱乳油 2 000 倍液、Bt 乳剂 500 倍液、24% 虫酰肼悬浮剂 1 200～2 400 倍液等。

在各代成虫发生期，利用黑光灯、糖醋液、性诱剂，诱杀成虫。

生物防治：释放赤眼蜂，各代卷叶虫卵发生期，平均每次放蜂约 3×10^4 头/亩（每 4～5 天一次，共放蜂 3～4 次），总放蜂量约 1.2×10^5 头/亩；喷布病原微生物，用苏云金杆菌、杀螟杆菌、白僵菌、苹果小卷叶蛾颗粒体病毒（APGV）等微生物农药防治幼虫。

11. 金纹细蛾

金纹细蛾又名苹果细蛾，属鳞翅目细蛾科。主要危害苹果。幼虫从叶片背面蛀入，潜食叶肉，残留下表皮，外观呈黄豆粒大小的虫斑。从叶片正面看，则呈黄绿色网眼状虫疤。严重时每片叶有虫斑十多个，造成早期落叶。

（1）形态特征

成虫体长 2～3 mm，体金黄色，头银白色，前翅狭长，从基部至中部有 3 条银白色纵带。前翅端部前缘和后缘各有 3 条银白色爪状纹，呈放射状排列，爪状纹前后相对。后翅狭长，灰褐色，缘毛甚长。卵扁平椭圆形，长径 0.3 mm，乳白色，半透明，有光泽。幼虫体扁平，老龄幼虫体长 4～6 mm，体细长，黄白色，胸足及尾足发达，腹足3 对。蛹长椭圆形，长 3～4 mm，初黄褐色，后为黑褐色（图 3-8）。

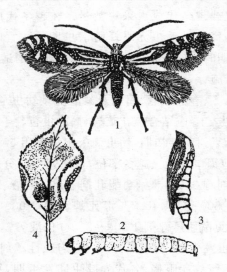

图 3-8　金纹细蛾

1. 成虫　2. 幼虫　3. 蛹　4. 为害状

（2）发生规律

一年发生 5～6 代，以蛹在受害落叶中越冬。翌年苹果树发芽前开始羽化，日平均温度 10～12 ℃时达盛期，羽化期 20 天左右。各代成虫发生期：越冬代在 4 月中旬前后；第一代在 6 月上旬；第二代在 7 月中旬；第三代在 8 月中旬；第四代在 9 月中旬。由于发生世代多，后期世代重叠。成虫多于晴天早、晚在树体附近飞舞。雌蛾产卵 45～50 粒，多散产于嫩叶背面绒毛下。成虫对波尔多液有一定忌避性。越冬代成虫多产卵在发芽早的树种或品种上，其中以海棠、沙果、山荆子及祝光等着卵较多，其次为红元帅、金冠、白龙等，小国光几乎无卵。但第二代以后成虫产卵，在不同品种上无差异。卵期 7～13 天。幼虫 5 龄，历期 12～22 天。非越冬代的蛹期为 6～10 天。金纹细蛾有多种天敌，其中以金纹细蛾跳小蜂最为重要。

（3）防治措施

①消灭越冬蛹。越冬代成虫羽化前，清扫落叶，集中烧毁或深埋，消灭越冬蛹。

②诱杀成虫。用性诱芯诱杀成虫，并注意保护天敌。

③药剂防治。越冬代和第一代成虫发生期多比较集中，在这两代成虫盛发期到初孵幼虫蛀入叶片，尚未出现网眼状虫斑时，喷布杀虫剂。常用的农药有青虫菌 6 号 300 倍液、25％灭幼脲悬浮剂 2 000 倍液、80％敌敌畏乳油 1 000 倍液、20％甲氰菊酯乳油 2 000 倍液等。

12. 山楂红蜘蛛

山楂红蜘蛛又名山楂叶螨、樱桃红蜘蛛，属蛛形纲蜱螨目叶螨科。寄主有苹果、梨、桃、樱桃、山楂、梅、榛子、核桃等，其中以苹果、梨、桃受害最重。山楂红蜘蛛在早春危害芽、花蕾，以后危害叶片，常以小群体在叶片背面主脉两侧吐丝结网，多在网下栖息、产卵和危害。受害叶片主脉两侧出现黄白色至灰白色小斑点，继而叶片变成苍灰色,严重时叶片枯焦并早期脱落。

(1)形态特征

雌性成螨体长 0.54 mm,宽 0.3 mm。体椭圆形,尾端钝圆,前半体背面隆起,后半体背面有纤细横纹。背毛细长,共 26 根,排成 6 横行。雌性成螨分为夏型和冬型。夏型雌性成螨初红色,取食后呈暗红色、紫红色,体躯背面两侧各有一黑色不整形斑块。冬型雌性成螨体较小,呈鲜红色或粉红色,有光泽。雄性成螨体小,呈菱形。卵圆球形,橙红色、橙黄色至黄白色。近孵化时,卵上出现两个小红点。幼螨体圆形,乳白色,足 3 对。若螨,卵圆形,足 4 对(图 3-9)。

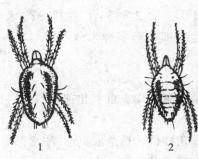

图 3-9 山楂红蜘蛛
1. 雌性 2. 雄性

(2)发生规律

北方果区一年发生 3～10 代。以受精的冬型雌性成螨在果树的主干、主枝和侧枝的翘皮、树皮裂缝、枝杈处和树干基部及其周围 30～40 cm 内、深 3～4 cm 以上的土缝中越冬。翌年连续日平均气温达到 10 ℃以上时,越冬雌性成螨开始出蛰。从苹果物候期来看,出蛰始期在国光品种花芽萌动期(4 月上旬);出蛰盛期在国光展叶期至花序分离期(4 月下旬至 5 月上旬);出蛰末期在国光落花期(5 月中下旬)。同时,凡果园位于背风、向阳地方的,出蛰常较早,反之较晚。同一株上也表现此规律。

冬型雌性成螨取食 1 周后,当日平均气温达 16 ℃以上,开始产下第一代卵。在冬型雌性成螨绝大多数出蛰上树,尚未严重危害,基本没有产下第一代卵时,即苹果开花前至初花期是当年药剂防治的一个关键时期。这次喷药俗称为"花前药"。第一代卵发生相当整齐(盛期在苹果盛花期前后),第一代幼螨和若螨发生也较为整齐。因此,在第一代幼螨、若螨发生盛期,第一代夏型雌性成螨基本没有出现时,即国光落花后 7～10 天(5 月下旬至 6 月上旬),是药剂防治的又一个关键时期,这次喷药俗称为"花后药"。以后各代重叠发生,且随着气温升高,发育速度加快,到 7～8 月常猖獗危害,防治困难。

山楂红蜘蛛的卵期在春季平均为 11 天,夏季平均为 4～5 天。幼螨期 1～2 天,静止期 0.5～1 天。前期若螨和后期若螨各为 1～3 天,静止期 0.5～1 天。当日平均气温在 16～25.3 ℃时,完成一代需 23.3 天;24～29.5 ℃需 10.4 天;而在恒温 27 ℃时,只需 6.8 天。

该螨的发生与环境关系密切。高温(24～30 ℃)、干燥(相对湿度 40%～70%)的天气,红蜘蛛数量常会急剧增加,常造成猖獗危害。反之,春季多雨,夏季气温不高,雨水较多,相对湿度在 80%以上,红蜘蛛类的发生数量就会受到一定程度的抑制。红蜘蛛类天敌的种类很多,在不常喷药的果园里,天敌十分活跃,在后期常能有效地控制危害。

(3)预测预报

开花前冬型雌性成螨出蛰期预测:按五点式取样法选定调查树 5 株,当冬型雌性成螨开始出蛰上芽时,每 3 天调查一次,每株在树冠内膛和主枝中段各随机观察 10 个生长芽,5 株共调查 100 个生长芽,统计芽上的螨数。在冬型雌性成螨出蛰的数量逐日增多,同时气温也逐日上升的情况下,当出蛰数量突然减少时,可视为出蛰达到高峰期。

开花后田间发生量调查:按五点式取样法选定 5 株树。苹果从开花期至越冬雌性成螨产生期间,每周调查一次。每株在树冠内膛和主枝中段各选 10 个叶丛枝,再从叶丛枝中选取近中部的一张叶片,5 株共调查 100 张叶片,统计各叶上卵和活动螨的数量。7 月后随红蜘蛛向外转移危害,取样也相应地外移到树冠外围和主枝中段,各选 10 个叶丛枝近中部的一张叶片,统计各叶上卵和活动螨的数量。

从落花后到 7 月中旬,当山楂红蜘蛛的活动螨发生量平均达到 3～5 头/叶时,7 月中旬以后活动螨发生量平均达到 7～8 头/叶,天气炎热干旱,天敌数量又少时,应立即开展药剂防治。如果天敌数量与害螨之比达到 1:50 时,红蜘蛛的发展可能受到控制而不致造成危害,可不进行药剂防治。

(4)防治措施

果树休眠期防治:刮除老翘皮下的越冬雌性成螨;处理距树干 35 cm 以内的表土,消灭土中越冬成螨;清除果园的枯枝落叶;秋季越冬前树干绑缚草把诱杀;树干涂粘油环(10 份软沥青＋3 份废机油加火融化,涂 6 cm 宽的环);发芽前喷布 3～5 波美度石硫合剂。

生物防治:保护天敌,行间种草如紫花苜蓿等。

药剂防治:果树花前、花后选用 1.8% 阿维菌素乳油 3 000～5 000倍液、10% 浏阳霉素乳油 1 000 倍液、20% 四螨嗪悬浮剂 2 000～3 000 倍液、20% 哒螨灵可湿性粉剂 2 500 倍液、73% 炔螨特乳油 2 000～3 000 倍液等喷雾。

13. 苹果瘤蚜

苹果瘤蚜又名苹果卷叶蚜,俗称腻虫,属同翅目蚜科。在中国各苹果产区均有分布。寄主植物主要有苹果、沙果、海棠、山荆子等。以成、若蚜群集叶片、嫩芽和幼果吸食汁液。受害叶边缘向背面纵卷成条筒状,影响新梢生长。被害果面生有凹陷红斑,严重时畸形。苹果瘤蚜还能传播苹果花叶病。

(1)形态特征

无翅胎生雌蚜体长 1.4~1.6 mm,近纺锤形,体暗绿色或褐绿色,头漆黑色,复眼暗红色,具有明显的额瘤,触角比体短。有翅胎生雌蚜体长 1.5 mm 左右,卵圆形。头、胸部暗褐色,具明显的额瘤。若虫体小似无翅蚜,体淡绿色。卵长椭圆形,黑绿色而有光泽,长径约 0.5 mm(图 3-10)。

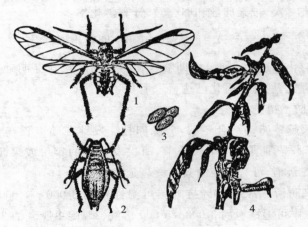

图 3-10　苹果瘤蚜

1. 有翅蚜　2. 无翅蚜　3. 卵　4. 为害状

(2)发生规律

一年发生 10 多代,以卵在一年生枝条芽缝、芽腋、一年与二年生枝条分叉处或剪锯口处越冬。次年 4 月上旬,越冬卵孵化,4 月中旬为盛期(苹果展叶时,孵化率达 90% 以上),4 月下旬至 5 月上旬孵化结束。从春季至秋季均孤雌生殖,发生危害盛期在 6 月中下旬,一般年份 7~8 月蚜量减少,严重年份可延续危害到 8~9 月份。10~11 月出现性蚜,交尾后产卵,以卵越冬。苹果瘤蚜的生活周期为留守式,即在一种植物上完成,无中间寄主,因此防治不好会连年发生,危害严重,甚至可使树木死亡。苹果蚜虫天敌种类较多,常见的有瓢虫、草蛉、食蚜蝇、捕食螨、寄生蜂、菌类等,对蚜虫有一定控制作用。

(3)预测预报

预测卵孵化盛期:在上一年瘤蚜发生较重的地块,随机选 5 棵树,每株定几个有冬卵的枝条调查 40～80 粒卵,共调查 200～400 粒(应排除皱缩而无光泽的死卵)。从果树发芽时开始调查,每隔一天调查一次,记录卵数和卵壳数,计算孵化率:

$$孵化率(\%)=卵壳数×100÷卵数+卵壳数$$

当孵化率达 80% 时,立即喷药。一般在苹果花芽萌动期越冬卵开始孵化,展叶期孵化已达盛末期。

(4)防治措施

消灭越冬卵。结合冬剪,剪除卵枝。发芽前喷 3 波美度石硫合剂或 5% 柴油乳剂。生长季节,蚜虫发生少的年份或果园,及早剪除被害新梢,可有效控制其扩散蔓延。

药剂防治。常用 50% 抗蚜威可湿性粉剂 3 000～4 000 倍液、10% 吡虫啉可湿性粉剂 3 000～5 000 倍液、3% 啶虫脒乳油 2 000～2 500 倍液、10% 氯氰菊酯乳油 3 000～4 000 倍液等喷雾防治。或于 5 月上、中旬即蚜虫发生初期,用具有内吸作用的药剂如 40% 乐果乳油 1 份:水 2 份,直接涂在主干上部或主枝基部,涂成 6 cm 宽的药环,若树皮较粗糙,可先将粗皮刮去,稍露白即可,涂后用塑料膜或废报纸包扎好。

保护天敌。选择对天敌安全的农药及施药时期。

苹果其他害虫见表 3-2。

表3-2　苹果其他害虫

害虫种类	识别要点	生活史与习性	防治要点
绣线菊蚜	以成虫和若虫群集危害果树新梢、嫩芽和嫩叶。受害叶片向叶背面横卷，如拳头状。虫体鲜黄色	寄主有苹果、梨、山楂、桃、李、杏、樱桃等。一年发生10多代。以卵在小枝条的芽侧越冬，4月下旬苹果萌芽期卵开始孵化，5月上旬孵化结束。6～7月危害严重	参见苹果瘤蚜
苹果绵蚜	以成、若虫群集在枝干的伤口、老皮裂缝、新梢叶腋和果实梗洼、萼洼以及根部等处危害，受害处被覆许多白色绵毛状物。触角上有感觉环，腹管退化，体多赤褐色，密被白色蜡质棉絮状物	寄主植物有苹果、山楂等。一年12～18代，以若蚜在树干伤疤、裂缝和近地表根部越冬。5月下旬至6月是全年繁殖盛期。9月中旬后，虫口数量又有增长，到11月中旬若蚜进入越冬状态	加强检疫。生长期可喷施药剂或进行枝干轻刮皮、药剂涂抹。其他参考苹果瘤蚜
苹果小吉丁	以幼虫在枝干皮层内串食，使被害部表皮变成黑褐色，稍凹陷，干裂枯死，并常溢出红褐色胶滴，俗称"冒红油"。成虫紫铜色，有金属光泽。幼虫细长而扁平。头小，前胸特别宽大	1～2年发生一代，主要以2～3龄幼虫在枝干皮层虫道内过冬。4～5月危害最重，成虫盛发期在7月上中旬，8月为幼虫孵化盛期。11月中旬幼虫开始在被害的蛀道内结茧越冬	加强检疫；人工振落捕捉；剪除虫害枯死枝，刮杀幼虫、蛹；老树和衰弱树及时更新。成虫羽化出穴初期和盛期药剂防治

二、梨营养失调诊断及病虫害防治

(一)梨营养失调症状诊断

1. 氮素失调

梨树氮素缺乏症状早期表现为下部老叶褪色,新叶变小,新梢长势弱,缺氮严重时,全树叶片均有不同程度褪色,多数呈淡绿至黄色,较老叶片橙色、红色或紫色,脱落早;枝条老化,花芽、花、果减少,果小,果肉中石细胞增多,产量低,品质差,成熟提早。氮素过剩表现为营养生长和生殖生长失调;叶呈暗绿色;枝条徒长;果实膨大及着色减缓,成熟推迟;树体内纤维素、木质素形成减少,细胞质丰富而壁薄,易发生轮纹病、黑斑病等病害。

2. 磷素失调

梨树早期缺磷无形态症状表现,进入中、后期时,生长发育受阻,抗性减弱,出现落叶等症状,花、果和种子减少,开花期和成熟期延迟,产量降低。

3. 钾素失调

梨树缺钾新梢枝条细弱柔软,抗性减弱;下部叶片由叶尖边缘逐渐向下叶色变黄,坏死,部分叶片叶缘枯焦,整片叶子形成杯状卷曲或皱缩;小枝长势很弱。

4. 钙素失调

梨树缺钙初期,根系生长差;缺钙中、后期,幼叶出现扭曲,小叶、叶缘变形,叶片上出现坏死斑点;顶芽枯萎,枝条生长受阻;果实表面出现枯斑,甚至果肉坏死。

5. 镁素失调

梨树缺镁时,叶片中脉两边脉间失缘,并有暗紫色区,但叶脉、叶缘仍保持绿色。顶端新梢的叶片上出现坏死斑点,而叶缘仍为绿色,严重缺镁时,新梢基部叶片开始脱落。

6. 硫素失调

梨树缺硫新叶呈黄绿色。梨树二氧化硫中毒症状为叶尖、叶缘或叶脉间褪绿,逐渐变成褐色,2～3 天后出现黑褐色斑点。

7. 硼素失调

梨树缺硼症较少见,缺硼时表现为树皮上出现胶状物质,形成树瘤;顶芽附近呈簇叶多枝状,继而出现枯梢;根尖坏死,根系伸展受阻;花粉发育不良,坐果率降低;果皮本栓化,出现坏死斑并造成裂果;果肉失水严重,石细胞增加,风味差,果实早熟且转黄不一致,部分果肉呈海绵状,品质下降。

8. 锌素失调

梨树缺锌时,新枝萎缩,叶小而黄化,在枝条先端常出现小叶,并呈莲座状畸形,且枝条的节间缩短呈簇生状,称为"小叶病";严重缺锌时,枝条枯死,产量下降。

9. 铁素失调

梨树缺铁幼叶脉间失绿黄化;严重时整叶呈黄白色,甚至白化;有时叶缘或叶尖也会出现焦枯及坏死,叶片脱落,易形成"顶枯"现象。

10. 锰素失调

梨树缺锰时叶片失绿,出现杂色斑点,但叶脉仍为绿色,失绿往往由叶缘开始发生;严重时失绿部位常常变为灰色,甚至变成苍白色,叶片变薄脱落;出现枯梢,枝梢生长量下降。

11. 铜素失调

梨树缺铜顶端新长出的枝梢枯死或凋萎,翌年,从枝梢枯死部位底下的芽发生一条或一条以上的梢;严重受害的树,顶梢短小,叶小,低产;枝梢不断枯死,更新,引起丛生、丛枝,状如扫帚,枝条和茎干的皮粗糙。

(二)梨病虫害防治

我国梨树病害有百余种,其中发生普遍而严重的有黑星病、腐烂病、轮纹病、锈病、黑斑病和白粉病等。梨害虫记载有 697 种,目前危害较严重的害虫有中国梨木虱、梨黄粉蚜、梨茎蜂、山楂叶螨、梨大食心虫、梨小食心虫等。

1. 梨黑星病

梨黑星病又称疮痂病,是梨树的重要病害,常造成生产上的重大损失。

(1)症状

梨黑星病可危害叶片、叶柄、新梢、果实、果梗等部位。叶片受害,在叶正面出现圆形或不规则形的淡黄色斑,叶背密生黑霉,危害严重时,整个叶背布满黑霉,在叶脉上也可产生长条状黑色霉斑,并造成大量落叶;幼果发病,在果面产生淡黄色圆斑,不久产生黑霉,后病部凹陷,组织硬化、龟裂,导致果实畸形;大果受害,果面病疤黑色,表面硬化、粗糙;叶柄和果梗上的病斑长条形、凹陷,常引起落叶和落果;新梢受害病斑开裂、疮痂状(图 3-11)。

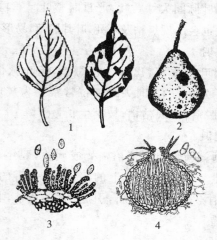

图 3-11　梨黑星病
1. 病叶　2. 病果　3. 分生孢子梗及分生孢子
4. 子囊孢子及子囊壳

（2）病原

梨黑星病菌，为半知菌亚门黑星孢属。分生孢子梗粗短，暗褐色，散生或丛生，曲膝状，有明显的孢痕（图 3-11）；分生孢子淡褐色或橄榄色，纺锤形、椭圆形或卵圆形，多数单胞，少数有一个隔膜。有性阶段为子囊菌亚门黑星菌属。

（3）发病规律

病菌主要以分生孢子或菌丝体在芽鳞片内或病枝、落叶上越冬，未成熟的子囊壳主要在落叶上越冬。次年春以分生孢子和子囊孢子侵染新梢，出现发病中心，所产生的分生孢子通过风雨传播，引起多次再侵染。

病菌在 20～23 ℃ 发育最为适宜；分生孢子萌发要求相对湿度 70％以上，低于 50％则不萌发；干燥和较低的温度有利于分生孢子的存活，温暖湿润的条件利于病菌产生子囊壳。病害发生的日平均气温为 8～10 ℃，流行的温度为 11～20 ℃。若雨量少、气温高，此病不易流行，但若阴雨连绵，气温较低，则蔓延迅速。因此，降雨早晚，雨量大小和持续时间是影响病害发展的重要条件。雨季早且持续时间长，尤其是 5～7 月份雨量多、日照不足，最容易引起病害流行。此外，树势衰弱、地势低洼、树冠茂密、通风不良的梨园也易发生黑星病；展叶 1 个月以上的老叶较抗病。

我国各地气候条件不同，病害的发生时期也有所差别。东北地区，一般 5 月中下旬开始发病，8 月为盛发期；河北省则在 4 月下旬至 5 月上旬开始发病，7～8 月为盛发期；两广、云南及长江流域一般 3 月下旬至 4 月上旬开始发病。

不同品种抗病性有较大差异。一般中国梨最感病，日本梨次之，西洋梨较抗病。发病重的品种有鸭梨、秋白梨、京白梨、安梨、花盖梨等，蜜梨、香水梨、雪花梨等较为抗病。

（4）防治措施

①彻底清园。秋末冬初清扫落叶和落果；早春梨树发芽前结合修剪清除病梢、病枝叶；发病初期摘除病梢和病花丛，同时进行第一次药剂防治。

②加强果园管理。增施有机肥，增强树势，提高抗病力，疏除徒长枝和过密枝，增强树冠通风透光性，可减轻病害。

③喷药保护。梨树花前和花后各喷一次药，以保护花序、嫩梢和新叶。以后根据降雨情况，每隔 15～20 天喷药一次，共喷4 次。在北方梨区，用药时间分别为 5 月中旬（白梨萼片脱落后，病梢初现期）、6 月中旬、6 月末至 7 月上旬、8 月上旬。药剂一般用 1：2：200 波尔多液、40％氟硅唑乳油 8 000 倍液、12.5％烯唑醇（特普唑）可湿性粉剂 2 000～2 500 倍液、50％多菌灵可湿性粉剂 500～800 倍液、50％甲基硫菌灵可湿性粉剂 500～800倍液。

2. 梨锈病

梨锈病又名赤星病、羊胡子，是梨树重要病害之一。危害叶片和幼果，造成早落，影响产量和品质。其转主寄主为松柏科的桧柏、欧洲刺柏、南欧柏、高塔柏、圆柏、龙柏、柱柏、翠柏、金羽柏和球桧等，以桧柏、欧洲刺柏和龙柏最易感病。

（1）症状

梨锈病主要危害叶片。叶正面形成近圆形的橙黄色病斑，直径 4～8 mm，有黄绿色晕圈，表面密生橙黄色黏性小粒点，为病菌的性子器。后小粒点逐渐变为黑色，向叶背凹陷，并在叶背长出多条灰黄色毛状物，即病菌的锈子器（图 3-12）。幼果、新梢被害症状与叶片相似。桧柏等染病后，起初在针叶、叶腋或小枝上出现淡黄色斑点，后稍隆起。次年 3 月，逐渐突破表皮露出单个或数个红褐色或圆锥形的角状物，即为病菌的冬孢子角。春雨后，冬孢子角吸水膨胀，呈橙黄色胶质花瓣状。

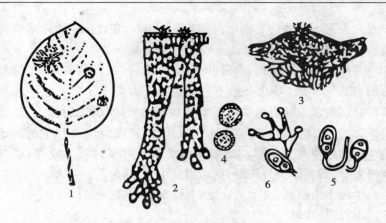

图 3-12　梨锈病
1. 病状　2. 锈子器　3. 性子器　4. 锈孢子
5. 冬孢子　6. 冬孢子萌发及担孢子

（2）病原

梨胶锈菌，属担子菌亚门胶锈菌属。性孢子器扁球形，生于叶正面病部表皮下，初黄色后黑色。锈子器丛生于病部叶背、幼果、果梗等处，细圆筒形，内生锈孢子，近球形，橙黄色，表面有微瘤。冬孢子角红褐色或咖啡色，圆锥形，吸水后膨胀胶化。冬孢子黄褐色，双胞，长椭圆形，柄无色细长，遇水胶化。

（3）发病规律

病菌以菌丝体在桧柏发病部位越冬，次年春形成冬孢子角，冬孢子角在雨后吸水膨胀，冬孢子开始萌发产生担孢子；担孢子随风雨传播，引起梨树叶片和果实发病，产生性孢子和锈孢子；锈孢子只能侵害转主寄主桧柏的嫩叶和新梢，并在桧柏上越夏、越冬，因而无再侵染，至翌年春再形成冬孢子角；梨锈病菌无夏孢子阶段。冬孢子萌发的温度范围为 5～30 ℃，最适温度为 17～20 ℃。担孢子发芽适宜温度 15～23 ℃，锈孢子萌发的最适温度为 27 ℃。

梨锈病发生的轻重与转主寄主、气候条件、品种的抗性等密切相关。担孢子传播的有效距离是 2.5～5 km,在此范围内患病桧柏越多,梨锈病发生越重。

梨树的感病期很短,自展叶开始 20 天内(展叶至幼果期)最易感病,超过 25 天,叶片一般不再受感染。而冬孢子萌发时间和梨树的感病期能否相遇则取决于梨树展叶前后的气候条件。当梨芽萌发、幼叶初展前后,天气温暖多雨、风向和风力均有利于担孢子的产生和传播时发病重。而当冬孢子萌发时梨树尚未发芽,或当梨树发芽、展叶时天气干燥,则病害发生均很轻。

中国梨最感病,日本梨次之,西洋梨较抗病。

(4)防治措施

①清除菌源。梨园周围 5 km 内禁止栽植桧柏和龙柏等转主寄主,以保证梨树不发病。

②喷药保护。无法清除转主寄主时,可在春雨前剪除桧柏上冬孢子角,也可选用 2～3 波美度石硫合剂、1∶2∶160 的波尔多液、30% 碱式硫酸铜胶悬剂 300～500 倍液、0.3% 五氯酚钠混合 1 波美度石硫合剂等喷射桧柏,减少初侵菌源。

梨树上喷药,应掌握在梨树萌芽至展叶的 25 天内进行,一般在梨树萌芽期喷第一次药,以后每隔 10 天左右喷一次,酌情喷 1～3 次。药剂有 1∶2∶(160～200)波尔多液、15% 三唑酮乳剂 2 000 倍液、25% 丙环唑(敌力脱)乳油 3 000 倍液、12.5% 烯唑醇可湿性粉剂 4 000～5 000 倍液等。

3. 梨黑斑病

梨黑斑病是梨树上的一种常见病害,日本梨、西洋梨、酥梨、雪花梨最易感病,发病严重时引起裂果、早期落果及落叶和嫩梢枯死,直接影响梨果产量和品质,并削弱树势。

(1)症状

主要危害叶片、果实及新梢。叶片侵染主要发生在嫩叶上。幼叶发病,开始时产生针头大小、圆形、褐色至黑褐色的斑点,边缘明显,后病斑逐渐扩大呈近圆形或不规则形病斑,中心灰白色至灰褐色,有时病斑上有轮纹。潮湿时,病斑表面产生大量黑色霉层。幼果受害,初在果面产生一个至数个褐色圆形针头大小的斑点,逐渐扩大,呈近圆形至椭圆形,褐色至黑褐色,病斑略凹陷,潮湿时表面也产生黑色霉层。随着果实生长,果实龟裂,裂缝可深达果心,裂缝内产生黑霉,病果早落。长成的果实受害,病斑较大,黑褐色,后期果实软化,腐败而落果。新梢及叶柄受害,病斑初期为椭圆形,黑色,稍凹陷,后扩大为长椭圆形,淡褐色,明显凹陷的病斑。病健交界处常产生裂缝(图 3-13)。

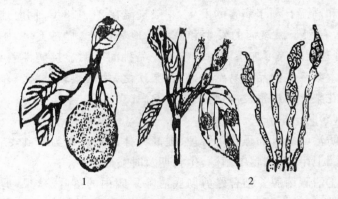

图 3-13　梨黑斑病
1. 病状　2. 分生孢子梗及分生孢子

(2)病原

菊池链格孢,属于半知菌亚门链格孢属。分生孢子梗褐色或黄褐色,丛生,一般不分枝,有隔膜 3～10 个。分生孢子常 2～3 个链状长出,大多数为棍棒状,基部膨大,顶端细小,喙胞稍长,有横隔膜 3～5 个,纵隔膜 1～3 个,分隔处略缢缩。

(3)发病规律

病菌以分生孢子和菌丝体在病叶、病梢及病果上越冬。第二年春季越冬病组织上产生新的分生孢子,经风雨传播,从气孔、皮孔或直接侵入寄主组织引起初侵染。从展叶到果实采收田间可发生多次再侵染,但以雨季发病最重。在气温 20 ℃,4 小时即可完成侵染。在空气湿度 90% 以上,气温 20 ℃ 条件下,一个病斑可连续产孢十余次。嫩叶易感,接种后 1 天即可出现病斑,老叶潜育期长,叶龄 1 个月以上的叶片不易受侵染。

病害的发生与气候、树势、栽培管理、品种等关系密切。菌丝生长适温为 28 ℃,孢子形成适温为 28~32 ℃,萌发适温 28 ℃。在枝条上越冬病斑于 9~28 ℃ 均能形成分生孢子,而以 24 ℃ 为最适。高温和高湿有利于病害的发生,一般气温在 24~28 ℃,同时连续阴雨时,有利于黑斑病的发生和蔓延。地势低洼、肥料不足、树势衰弱、管理粗放等可加重该病的发生。品种间有明显抗病性差异,一般日本梨系统的品种易感病,西洋梨次之,中国梨较抗病。在河北省雪花梨叶片严重发病,鸭梨很少发病。

(4)防治措施

防治必须以加强栽培管理、提高树体的抗病力为基础,结合搞好果园卫生,控制越冬菌源,生长期及时喷药保护。

①清除菌源。结合修剪彻底清除果园内的落叶、落果,剪除有病枝梢,以减少菌源。

②品种合理布局。因地制宜地栽培优质抗病品种,注意品种的合理布局。

③增强植株抗病能力。配方施肥,增施有机肥料;合理修剪,以通风透光;及时清除田间杂草,防治好其他病虫害;对于地势低洼或排水不良的果园,应做好开沟排水工作。

④果实套袋。保护果实不被病菌侵染。

⑤药剂防治。在梨树发芽前,喷施一次 3~5 波美度石硫合剂,杀死树体上的越冬病菌。生长期喷药保护幼叶幼果,具体喷药时间南北各地不同。北方发病重的果园,一般从 5 月上中旬开始

第一次喷药。常用药剂有:1∶2∶(160~200)波尔多液、10％多抗霉素(宝丽安)可湿性粉剂 1 000 倍液、50％异菌脲可湿性粉剂1 000~1 500 倍液、50％多菌灵或甲基硫菌灵可湿性粉剂 800 倍液、70％代森锰锌可湿性粉剂 1 000 倍液等。

梨其他病害见表 3-3。

表 3-3　梨其他病害

病害名称	症状特点	发病规律	防治要点
梨轮纹病	主要危害枝干和果实,有时也可危害叶片。具体症状与苹果轮纹病相似	病菌主要在枝干病斑上越冬。经枝干皮孔或伤口侵染。有潜伏侵染性。从落花后的幼果到 7 月底前是果实高度感病期,降雨与该病发生轻重关系密切	加强果园管理、搞好果园卫生。梨落花后(7~10 天)喷布氟硅唑、多菌灵加疫霜灵、甲基硫菌灵等。果实套袋、采收前喷药、储藏期防治等
梨干枯病	危害苗木、枝干。病斑初红褐水渍状,后凹陷,病健处开裂,表生黑色小点	病菌在病枝上越冬,弱寄生	清园、壮树、刮治、药剂保护
干腐病	危害枝干。病部龟裂。密生小黑点	病菌在病枝上越冬,弱寄生	清园、壮树、刮治、药剂保护
梨树腐烂病	参见苹果腐烂病	参见苹果腐烂病	参见苹果腐烂病
梨白粉病	危害叶片。叶背生白色霉斑,后期产生小黑颗粒	病菌以闭囊壳越冬,气流传播,秋季重	清扫落叶;发芽前喷布石硫合剂;7 月上中旬开始喷 1~2 次三唑酮或烯唑醇

4. 梨大食心虫

梨大食心虫又名梨云翅斑螟,简称梨大,俗名吊死鬼,属鳞翅目螟蛾科,是梨树重要害虫之一。在梨树品种间,鸭梨、秋白梨、花盖梨受害严重。

被害芽干瘪,鳞片松散,在芽基部有一蛀孔,蛀孔外有虫粪。春季梨树花芽膨大露白时,越冬幼虫转芽危害,由基部蛀入鳞片下危害,吐丝黏结鳞片,花芽开绽后鳞片仍不脱落。开花期越冬幼虫从花丛、叶丛基部蛀入,使花丛、叶丛凋萎枯死。当梨果长到指头大时,越冬幼虫又转蛀幼果,蛀孔很大,蛀孔周围堆积大量黄褐色虫粪。以后被害果皱缩,变黑,干枯早落。幼虫化蛹前,将果柄基部用丝缠在枝上,被害果变黑枯死,悬挂枝上,至冬不落。

(1)形态特征

成虫体长 10～15 mm,全体暗灰褐色。前翅暗灰褐色,具紫色光泽。距前翅基部 2/5 和 4/5 处,各有一条灰白色波纹横纹,横纹两侧镶有黑色的宽边,两横纹间,中室上方有一黑褐色肾状纹。后翅灰褐色。卵椭圆形,稍扁平,长约 1 mm,先白色,后变红色。越冬幼虫体长约 3 mm,胴部紫褐色。老熟幼虫体长约 18 mm,头、前胸盾、臀板及胸足为黑色,体背面为暗红褐色稍带绿色。蛹长约 13 mm,黄褐色至黑褐色。腹部末端有 6 根弯曲的钩刺,排成一横列(图 3-14)。

(2)发生规律

以幼龄幼虫在花芽内结灰白色薄茧越冬。不同世代区域发生及危害时期不同。

吉林延边为一年 1 代区,越冬幼虫 4 月上旬至 5 月中旬转芽危害,6 月中旬至 7 月上旬害果。越冬代成虫发生盛期为 7 月下旬至 8 月上旬。

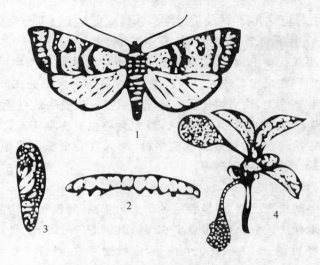

图 3-14　梨大食心虫
1. 成虫　2. 幼虫　3. 蛹　4. 被害状

辽宁、山东、河北、山西为一年 1～2 代区,越冬幼虫在翌年梨花芽膨大前后开始"拱盖"出蛰,当鸭梨、秋白梨花芽抽芽,鳞片间露出 1～2 道 1 mm 宽的绿白色裂缝时为出蛰始期,花芽开放期为出蛰盛期,花序分离时为出蛰终止期。出蛰后,立即转害其他花芽,此时称为转芽期。一般转芽期为 5～14 天,并且有 60% 以上的个体在前 6 天即转芽危害。由于梨大越冬幼虫出蛰转芽期相当集中,尤其在转芽初期最为集中,故药剂防治的关键时期是转芽初期。在 5 月中旬至 6 月中旬,当梨果长到指头大时,越冬幼虫转害梨果,此时称为转果期。越冬幼虫大约危害 20 天,并在最后被害的果实内化蛹,蛹期 8～15 天。越冬代和一代成虫发生盛期分别为 6 月下旬至 7 月上旬、8 月上中旬。

黄河故道为一年 2～3 代区,越冬幼虫 3 月上旬至 5 月中旬转芽或果,危害果期比较集中,从害果始期(梨幼果脱萼期)至盛期需

5 天左右,是药剂防治的关键时期。各代成虫发生盛期分别为 6 月上中旬、7 月下旬至 8 月上旬、8 月中下旬。

成虫昼伏夜出,对黑光灯有较强趋性。每头雌蛾产卵平均 60 余粒。卵产在果实萼洼内、短枝、果台、芽腋等处。每处产卵 1～2 粒,卵期 7～8 天,幼虫孵化后危害芽或果。发生晚的幼虫危害 1～3 个梨芽,即在芽内作小茧越冬。梨大食心虫有多种天敌,主要有黄眶离缘姬蜂、梨大食心虫聚瘤姬蜂、梨大食心虫长尾瘤姬蜂、黄足绒茧蜂、卷叶蛾赛寄蝇等。

(3)预测预报

越冬幼虫密度调查:早春越冬幼虫出蛰前,每园按不同品种用对角线取样法选取 5 点,每点 1～2 株,共调查 5～10 株,每株按不同方位随机调查 100～200 个花芽,记载健芽数、被害芽数和有虫芽数,统计出有虫芽率。当梨树在大年果多的情况下,花芽有虫芽率在 5％以上时,是大发生年,应加强药剂防治。当梨树在小年果少的情况下,有虫芽率在 1％以下,是小发生年,不用药剂防治,但应进行人工防治。有虫芽率 3％以上,可认为是中发生年,应进行药剂防治。

越冬幼虫转芽期调查:4 月上旬至 4 月下旬,在上年梨大食心虫发生较多的地块,选择调查树 3～5 株,按不同地势、品种,采用固定或随即取芽调查法,每两天调查一次,每次检查 30～100 个虫芽,记载越冬幼虫转出数量,发现转芽后应每天定时检查一次。另外,越冬幼虫转芽与梨树物候期有相关性,应在鸭梨花芽抽节或鳞片间露出 1～2 道白绿色裂缝时进行越冬幼虫转芽期调查。当越冬幼虫转芽率达到 5％以上,同时气温明显回升时,应立即进行药剂防治。

(4)防治措施

人工防治:结合冬剪,剪除虫芽;在梨树开花末期,随时掰下虫芽和萎凋的花丛、叶丛,捏死幼虫;成虫羽化前虫果尚未变黑,可连续 2～3 次彻底摘除虫果，集中放在纱笼中置于果园内，等寄生蜂飞出后，再深埋；利用黑光灯、性诱剂诱杀成虫。

药剂防治：越冬幼虫出蛰初期或转果期、卵及幼虫孵化初期，喷布 50％敌敌畏乳油 1 000 倍液，20％甲氰菊酯乳油 1 500～2 000 倍液、2.5％溴氰菊酯乳油 3 000 倍液、40.7％毒死蜱乳油 1 000～2 000 倍液、5％氟虫脲乳油 1 000～2 000 倍液等，喷雾时要细致周到。

5. 梨小食心虫

梨小食心虫又名东方蛀果蛾，简称梨小，俗名直眼虫等，属鳞翅目小卷叶蛾科。一般在桃树与梨树混栽的果园中危害严重。也危害苹果、沙果、山楂、樱桃、枣等多种果树。

幼虫蛀食果实和桃树新梢。危害桃梢，小幼虫多从新梢顶端 2～3 叶片的叶柄基部蛀入，并向下蛀食髓部，不久被害新梢萎蔫枯死（图 3-15）。梨果被害，受害早的梨果，蛀孔变青绿色，稍凹陷，受害晚的则无此现象，孔外有虫粪，几天后蛀入孔周围腐烂，变成褐色或黑色，俗称"黑膏药"。幼虫蛀入后，直达果心，蛀食种子。

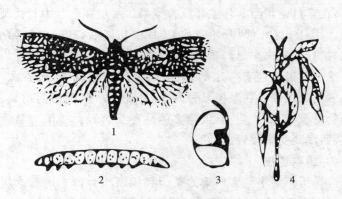

图 3-15　梨小食心虫
1. 成虫　2. 幼虫　3、4. 为害状

（1）形态特征

成虫体长 5～7 mm，全体灰褐色。前翅灰褐色，前缘有 10 组白色短斜纹，中室外方有一个明显的小白点。卵长 0.1～0.15 mm，扁圆形，中央隆起，淡黄白色。老熟幼虫体长 10～13 mm，全体淡红色或粉红色。毛片不明显。前胸气门前毛片具 3 毛，臀栉暗红色，4～7 齿。蛹长 6～7 mm，黄褐色。茧长约 10 mm，白色，丝质，扁平长椭圆形（图3-15）。

（2）发生规律

梨小食心虫自北向南一年发生 3～7 代，以老熟幼虫结茧在树干老翘皮裂缝、土表层、剪锯口、石块下等处越冬。雌蛾卵产于叶背和果面（梨果肩、桃李果侧沟）、萼洼等处，每头产卵 50～100 粒。越冬代成虫主要产卵在桃树新梢、叶片及杏果上，一代幼虫在 6 月主要危害桃树的新梢和果实。一代成虫继续产卵在桃树上，也可以产卵在梨树上，二代幼虫危害桃梢和桃果，有的也危害梨果。二代成虫主要产卵在梨树上，三代幼虫主要危害梨果。总之，梨小在全年中均可危害桃梢或果实，以 5～7 月危害严重，以后危害桃和梨果，在 7 月中旬至 9 月主要危害梨果。一般在 7 月中旬鸭梨开始受害，8 月上旬秋白梨开始受害，8 月中旬以后，秋子梨开始受害，而此时鸭梨、秋白梨已严重受害。

成虫对黑光灯有一定的趋性，对糖醋液有较强的趋性。雌蛾对性诱剂趋性强。在梨树品种间，以味甜、皮薄、肉细的鸭梨、秋白梨等受害重；而品质粗、石细胞多的品种受害轻。中国梨品种受害较重，西洋梨受害较轻。

（3）预测预报

选择历年梨小危害严重的梨园和桃园作为调查地点。从 4 月中旬至 9 月底，在田间设置糖醋液罐（红糖：米醋：水＝1：2：20）或梨小性诱剂诱捕器若干个，诱集成虫，记载成虫数量。成虫高峰后 7～10 天为卵孵化高峰。结合田间查卵，自 5 月上旬开始，每 3 天一次,查 5 株 500~1 000 果,当卵果率达到 0.5%~1% 及时喷药防治。

(4)防治措施

①科学建园。建立新果园时,尽可能避免梨树与桃、李等混栽。在已经混栽的果园中,对梨小主要寄主植物应同时防治。

②消灭越冬幼虫。果树发芽前,刮除老翘皮,然后集中处理。越冬幼虫脱果前,在主枝、主干上捆绑草束或破麻袋片等,诱集越冬幼虫。在 5~6 月间连续剪除有虫桃梢,并及早摘除虫果和剪净落果。

③诱杀成虫。用糖醋液或梨小性诱剂诱捕器,诱杀成虫。

④生物防治。在一、二代卵发生初期开始,释放松毛虫赤眼蜂,每 4~5 天放一次,共放 4~5 次,每次放蜂量 3×10^5 头/hm² 左右。

⑤药剂防治。可选用 2.5%溴氰菊酯乳油 2 500 倍液、10%氯氰菊酯乳油 2 000 倍液、1.8%阿维菌素乳油 3 000~4 000 倍液等药剂喷雾。

6. 梨木虱

中国梨木虱又名梨木虱、梨虱子,属同翅目木虱科。国内普遍分布,北方发生较重。主要危害梨,以成、若虫刺吸梨树叶片汁液,被害叶片产生褐色枯死斑点,严重时叶片皱缩卷曲,变黑脱落。幼龄若虫分泌大量黏液,可滋生黑霉,污染叶片和果实。

(1)形态特征

成虫体长 3 mm 左右。夏型成虫黄绿色,冬型成虫绿褐色。卵长 0.3 mm 左右,黄白色至黄色,长卵形。钝端有短刺,尖削端有细长丝。若虫扁椭圆形,淡黄色,翅芽扇形,复眼红色(图 3-16)。

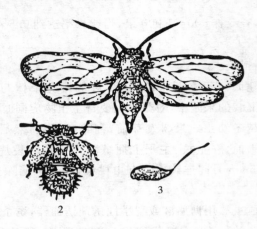

图 3-16　中国梨木虱

1. 成虫　2. 若虫　3. 卵

(2)发生规律

发生代数因地而异,辽宁 3～4 代,河北、山东 4～5 代,河南 5～6 代.各地均以成虫在树皮缝、落叶、杂草及土缝中越冬,梨树花芽萌动时出蛰,出蛰盛期一般在鸭梨花吐白期,出蛰的冬型成虫将卵产于短果枝芽基周围的树皮皱纹里。第一代若虫孵化时间整齐一致,在梨树落花达 90% 左右时出现。夏型成虫将卵产于叶柄沟、主脉两侧和叶缘锯齿中间。危害严重时,叶片两面均有大量卵粒。北方以 7～8 月危害严重,11 月开始越冬。

(3)防治措施

①消灭越冬成虫。早春刮净老翘皮,清除树下落叶杂草,消灭越冬成虫。

②保护利用天敌。梨木虱的天敌种类较多,对其自然控制作用较强,在天敌发生期应尽量少喷广谱性杀虫剂。树行间应种植绿肥作物或生草,为天敌提供转换寄主和繁殖场所。

③药剂防治。成虫出蛰盛期及卵孵化高峰期,根据防治指标(每

百枝越冬代成虫超过 3 头、或每叶丛有一代幼虫 10 头以上、或每叶丛有二代若虫 5 头时)喷药,药剂有 4.5％高效氯氰菊酯乳油 1 500～2 000 倍液、30％水胺氰(百磷 3 号)乳油 1 000～1 500 倍液、1.8％阿维菌素乳油 5 000 倍液、20％吡虫啉可湿性粉剂 3 000～5 000 倍液等。

7. 梨黄粉蚜

梨黄粉蚜又名梨黄粉虫,属同翅目根瘤蚜科。单食性,只危害梨。以成、若虫危害果实,在近萼洼处危害,初时出现凹陷的黄色小斑点,多时连成黄褐色斑块,后期逐渐变为黑色斑块,表面易龟裂,易造成黑斑腐烂。

(1)形态特征

体长 0.7～0.8 mm,体呈倒卵形,鲜黄色。触角 3 节,较短。无腹管及尾片,无翅。卵椭圆形,淡黄色或黄绿色。若虫体小,形似成虫(图 3-17)。

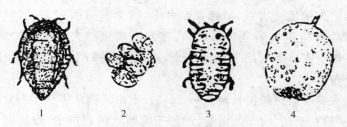

图 3-17　梨黄粉蚜
1. 成虫　2. 卵　3. 若虫　4. 为害状

(2)发生规律

一年发生 8～10 代,以卵在树皮裂缝、翘皮、等处越冬。次年梨开花时卵孵化,若蚜先在梨树翘皮下、嫩枝处危害,6 月上中旬开始转向果实,7 月份梨黄粉蚜逐渐转到果实上危害,7 月下旬大量上果,越接近成熟危害越严重。黄粉蚜有背光性,套袋果比不套袋果危害严重。因此,果实套袋前要边喷药边套袋,并扎紧袋口。温暖干旱有利于发生。

(3)防治措施

人工防治:果树发芽前彻底刮除老翘皮,喷布 95％机油乳剂 100 倍液,杀死枝干上越冬卵。

药剂防治:危害梨果期,喷布 10％吡虫啉可湿性粉剂 2 000 倍液、50％抗蚜威乳油 3 000 倍液、1.8％阿维菌素乳油 5 000～8 000 倍液等。7 月中旬后,每 10 天随机解袋抽查 3％的套袋果,发现有蚜虫果实达到 0.3％～0.5％时,立即解袋喷药。

生物防治:注意保护利用天敌,如异色瓢虫、草蛉、食蚜蝇、蚜茧蜂等。

8. 梨茎蜂

梨茎蜂又名梨梢茎蜂、梨茎锯蜂,俗称折梢虫、剪头虫,属膜翅目茎蜂科。危害主要危害梨树,但苹果、海棠、杜梨也可受害。梨树春梢期的重要害虫,早熟梨品种中,被害率高达 62％～75％,尤其对幼龄树造成的危害最大,直接影响树冠扩大和树体的整形。成年树受害后影响结果枝的形成,从而造成减产。我国梨产区均有分布。

在春季梨树新梢长至 6～7 cm 时,成虫产卵危害当年新发的嫩枝,一般在新梢 3 cm 处锯断,产卵于锯断处的残桩中,致使锯口以上的枝梢和叶片干枯死亡,最后脱落。幼虫孵化后,在残留小枝内向下蛀食。

(1)形态特征

成虫:体长 7～10 mm,翅展 13～16 mm,体黑色,有光泽。触角丝状,黑色,24 节。口器、前胸背板后缘两侧,中胸侧板,后胸两侧以及后胸背板的后端,均为黄色。翅透明,翅脉黑褐色。足黄色,基节基部、腿节基部及跗节褐色。

卵:长椭圆形,白色,半透明,略弯曲。

幼虫:共 8 龄,体长 8～11 mm。头部淡褐色。体稍扁平,头胸下弯,尾端上翘。胸足极小,无腹足,气门 10 对。

蛹:蛹长 7～10 mm,初蛹乳白色,渐变为黑色。茧棕黑色,膜状。

(2)发生规律

发生世代:河北、北京等地两年发生一代。

越冬及初次虫源:以幼虫及蛹在被害枝内越冬。在河北深州 4 月中旬成虫开始出现,危害春梢最严重的时期在鸭梨盛花期后的第 10 天左右。据贵州省剑河观察,3 月初成虫开始羽化,3 月中下旬为羽化盛期。

天敌:主要有啮小蜂。

(3)生活习性

成虫从嫩梢上的羽化孔出来后,飞翔于枝丛中交尾、产卵。每日以 12～14 时最为活跃,尤以晴天中午更活跃,有群栖性,日落后及早晨或阴雨天常数头群集树冠下部叶背上,此时,若受惊动也不起飞。

(4)防治措施

农业防治:剪除成虫产卵和幼虫蛀食的断梢,以消灭卵和幼虫。结合冬季修剪,剪除受害的干枯枝梢,并在成虫羽化之前处理完毕,消灭越冬幼虫。也可在早晨或日落后,阴雨天捕杀栖息在叶背的成虫。

药剂防治:在成虫羽化盛期,用 80％敌敌畏乳剂 1 500 倍液,或 90％敌百虫 1 000 倍液,或 50％杀螟松乳剂 1 000～2 000 倍液喷雾,防治效果可达 80％以上。

梨其他虫害见表 3-4。

表 3-4　梨其他虫害

害虫种类	识别要点	生活史与习性	防治要点
梨二叉蚜	主要在叶片正面危害，被害叶片从两侧向上纵卷呈筒状，严重时变黑枯死，提早落叶	一年 20 代左右，以卵在芽基或枝条裂缝内越冬。4～5 月危害，5 月下开始迁到夏寄主狗尾草上	参见苹果瘤蚜
绣线菊蚜	绣线菊蚜主要危害苗木和幼树，被害叶片向叶片背向横卷	一年十余代，以卵在芽基或枝条裂缝内越冬。5～6 月危害严重	参见苹果瘤蚜
茶翅蝽	梨果被害呈疙瘩梨、凸凹不平。该成虫体茶褐色，扁宽，长 1.5 cm 左右。前胸背板前缘有 4 个横排的黄色小斑，小盾片前缘有 5 个横排的小黄斑	一年 1 代，以成虫在墙缝、石缝、空房、树洞内越冬，北方成虫一般在 4 月下旬出蛰，5 月中下旬以后迁入果园。越冬成虫寿命可达 2 个多月。6 月上开始产卵，7 月中旬出现当年成虫。6～8 月均可危害	人工捕捉成虫和卵块，果实套袋，注意保护天敌，药剂防治可选用辛硫磷、毒死蜱、溴氰菊酯等
梨网蝽	叶片背面刺吸危害，正面形成苍白色小点，叶背呈现铁锈色。成虫体小扁平，前胸背板呈翼片状，体背面有网状花纹。初孵若虫体白色透明，2 龄时腹板黑色，3 龄出现翅芽，身体周缘有短刺	主要危害梨、大樱桃、月季等果木。一年发生 3～6 代。各地均以成虫在树干老翘皮、落叶、土缝等处越冬。北方 4 月上中旬越冬成虫开始出蛰，7～8 月危害最重。第一代若虫发生期比较集中	刮老翘皮，清洁果园，消灭越冬成虫；在成虫出蛰盛期（梨落花后）及第一代若虫发生盛期喷药防治

续表 3-4

害虫种类	识别要点	生活史与习性	防治要点
梨圆蚧	于枝干等处危害,严重时虫壳密部成鳞片状。雌介壳灰白色斗笠状,表面有同心轮纹,直径 1.3～2 mm。壳点脐状,位于介壳中心,黄色或褐黄色。初龄若虫 0.2 mm,椭圆形,淡黄色,足三对,尾端有 2 根细长丝	寄主有梨、枣、杏、梅、葡萄、柿、山楂等。北方一年 2～3 代,以 2 龄若虫在枝条上越冬。翌年梨芽萌动开始危害。雌虫产卵期为 6 月份,孵化期为 6 月上旬至 7 月上旬。第一代产子期为 8 月中旬到 9 月中旬。10 月以 2 龄若虫越冬	调苗木时加强检疫、检验;剪除介壳虫危害严重的枝条;注意保护利用天敌;萌芽前喷石硫合剂或重柴油乳剂;卵孵化期喷药防治

三、葡萄营养失调诊断及病虫害防治

(一)葡萄营养失调症状诊断

1. 氮素失调

葡萄氮素缺乏症状为枝蔓短而细,呈红褐色,生长缓慢。严重时停止生长;老叶先开始褪绿,逐渐向上部叶片发展,新叶小而薄,呈黄绿色,易早落、早衰;花、芽及果均少,果穗和果实均小,产量低。葡萄氮素过剩表现为枝叶繁茂,叶色浓绿,枝条徒长,抗逆性能差,结果少;生长后期氮肥过多时,果实成熟晚,着色差,风味不佳,产量低。

2. 磷素失调

葡萄缺磷叶小,叶色暗绿,有时叶柄及背面叶脉呈紫色或紫红色;从老叶开始,叶缘先变为金黄色,然后变成淡褐色,继而失绿,叶片坏死,干枯,易落花;果实发育不良,产量低。

3. 钾素失调

葡萄缺钾时,早期症状为正在发育的枝条中部叶片叶缘失绿。绿色葡萄品种的叶片颜色变为灰白或黄绿色,而黑红色葡萄品种的叶片则呈红色至古铜色,并逐渐向脉间伸展,继而叶向上或向下卷曲。大约从果实膨大期开始出现叶缘失绿。这与缺镁症不易区分,不过缺钾时叶缘的失绿与叶中心的绿色部分界限分明。严重缺钾时,老叶出现许多坏死斑点,叶缘枯焦、发脆、早落;果实小,穗紧,成熟度不整齐;浆果含糖量低,叶肉也出现褐色枯死斑点,着色不良,风味差。葡萄钾过量阻碍植株对镁、锰和锌的吸收而出现缺镁、缺锰或缺锌等症状。

4. 钙素失调

葡萄缺钙叶呈淡绿色,幼叶脉间及边缘褪绿,叶片向内弯曲,脉间有灰褐色斑点,继而边缘出现针头大的坏死斑,茎蔓先端枯死,叶组织变脆弱。

5. 镁素失调

葡萄缺镁在果实膨大期从果实附近叶片开始黄化,顶部叶片却不出现症状。首先叶缘黄化,随后脉间逐渐变黄色或黄白色,叶脉呈美丽的绿色,叶柄略微带红色。严重时黄化区逐渐坏死,叶片早期脱落。从叶缘开始黄化这一点与缺钾相似,但缺钾时叶缘黄化部分褐变,接近叶柄处却保持深绿色,而缺镁时除叶脉外全部黄化,而且黄化部分很少发生褐变枯死。但不同品种发生缺镁程度和症状不同,有些品种脉间容易变红褐色。有些地区将缺镁葡萄叶片称为"条纹叶"或"虎皮叶"。

6. 硫素失调

葡萄缺硫,植株矮小,上部叶黄化。葡萄二氧化硫中毒症状表现为叶片的中央部分出现赤褐色斑点。

7. 硼素失调

葡萄是易缺硼作物，在生长发育初期，蔓尖幼叶出现油浸状淡黄色斑点(图 3-18)，此时症状轻，如不仔细观察可能被忽略。如症状发展，叶片的淡黄色斑点增多并枯死，叶片畸形增大，叶肉皱缩，叶柄脆弱，老叶肥厚，向背反卷；节间缩短密生，卷须出现坏死。严重时新梢伸长停止，形成胶状物质的突起并枯死；主干顶端生长点死亡，并出现小的侧枝，枝条脆，未成熟的枝条往往出现裂缝或组织损伤；即使叶片症状较轻，花穗也表现明显症状，开花后不落花、不形成果粒的部分增多，这种症状称为"赤花"或"黑花"。如果膨大期以后发生缺乏症，则果实中部变黑，有时影响到表皮，一般称为"夹馅葡萄"，其商品价值将大大降低。这种症状出现得极其突然。因此，必须经常仔细观察，即使出现轻微缺乏症，也应立即采取叶面喷施等防治措施。沙土、火山灰地带或干燥的年份易出现

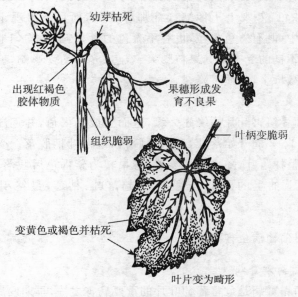

幼芽枯死

出现红褐色
胶体物质

果穗形成发
育不良果

组织脆弱

叶柄变脆弱

变黄色或褐色并枯死

叶片变为畸形

图 3-18　葡萄叶片出现油浸状淡黄色斑点

缺硼。而且,在生育旺盛、枝条生长过旺、叶片茂盛的年份等,也可能因不同成分之间的平衡被破坏,而迅速形成"夹馅葡萄"。此外,在果实膨大期因施用石灰质肥料,硼吸收暂时被抑制时也可形成"夹馅葡萄"。葡萄硼过剩会出现裂果等现象。

8. 锌素失调

葡萄缺锌枝条细弱,新枝叶小密生,节间短,顶端呈明显小叶丛生状,树势弱,叶脉间的叶肉黄化;严重缺锌枝条死亡,花芽分化不良,落花落果严重,果穗和果实小,产量显著下降。

9. 铁素失调

葡萄缺铁老叶呈绿色,幼叶却变黄白色,新梢生长停止;果穗小,果粒膨大受抑制。

10. 锰素失调

葡萄缺锰从开花期开始出现于叶片,叶脉间呈淡绿色,只有叶脉保持绿色,外观上不像缺镁症那样明显,而且不出现于顶部叶片;果穗中,既有着色果粒,也有不着色的青果粒,不均匀地混合存在,着色不良的受害果其果粒膨大、着色、光泽均受影响,糖含量降低,酸略微增多,品质下降。

11. 氯素失调

葡萄受氯害叶片边缘先失绿,进而变成淡褐色,并逐渐扩大至整叶,过1~2周开始落叶,先叶片脱落,继而叶柄脱落。受害严重时,造成整株落叶,随之果穗萎蔫,青果转为紫褐色后脱落,新梢枯萎,新梢上抽生的副梢也受害,引起落叶、枯萎,最终引起整株枯死。

(二)葡萄病虫害防治

1. 葡萄霜霉病

葡萄霜霉病是危害葡萄叶片的重要病害之一,早期发病可使花穗和新梢枯死,中后期发病可造成叶片干枯或脱落,引起枝条枯死。

（1）症状

叶片受害，叶面初现油渍状小斑点，扩大后为黄褐色、多角形病斑。环境潮湿时，病斑背面产生一层白色霉状物，即病原菌的孢囊梗及孢子囊。嫩梢、花梗、叶柄发病后，油渍状病斑很快变成黄褐色凹状，潮湿时病部也产生稀少的白色霉层；病梢停止生长、扭曲，甚至枯死。幼果感病，最初果面变灰绿色，上面满布白色霉层，后期病果呈褐色并干枯脱落。

（2）病原

葡萄生单轴霉菌，属鞭毛菌亚门单轴霉属。有性阶段产生卵孢子。孢囊梗无色，呈单轴分枝，分枝处成直角，末端的小梗上着生孢子囊，无色、单胞、卵形或椭圆形，顶部有乳头状突起，孢子囊在水滴中产生游动孢子。

（3）发病规律

病菌主要以卵孢子和菌丝体在病组织内或随病残体遗落土壤中越冬，翌春条件适宜时，卵孢子萌发产生孢子囊，再由孢子囊产生游动孢子，借风雨传播，从气孔侵入致病。初次侵染发生后，病部形成的孢子囊产生游动孢子作为再侵染接种体，以同样的方式侵入致病。

多雨、多雾的潮湿天气有利于本病发生，园圃地势低洼，排水不良，土质黏重或枝蔓徒长郁蔽，往往发病较重。高温、干旱的年份发生较少。病害发生与品种有关系，一般美洲葡萄、圆叶葡萄较抗病。

（4）防治措施

①选用抗病品种。在病害严重发生的地区，尽可能选用美洲系列品种，嫁接时注意选用吸收钙能力强的砧木。

②加强果园管理。及时摘心、绑蔓和中耕除草，冬季修剪后彻底清除病残体。

③药剂防治。葡萄展叶后至果实着色前防治。可选用1∶1∶240波尔多液、69%烯酰吗啉（安克）可湿性粉剂2 000倍液、

72.2％霜霉威水剂 500 倍液、77％氢氧化铜可湿性粉剂 600～800 倍液、40％乙磷铝可湿性粉剂粉剂 300 倍液等。

2. 葡萄白腐病

葡萄白腐病又称腐烂病。在我国的南方和北方葡萄产区普遍发生，尤以南方和沿海葡萄产区发生较重。主要危害果穗果粒，引起烂穗，发病严重时遍地落果烂果，流行年份产量损失可达 60％～80％。病害也能危害枝条和叶片。

（1）症状

果梗或穗轴先发病，初呈水浸状浅褐色不规则的病斑，逐渐向果粒蔓延。果粒先在基部呈浅褐色水浸状腐烂，后全粒变褐腐烂，表面密生灰白色小颗粒（分生孢子器），病果粒受震动易脱落。有时病果失水成干缩僵果，悬挂枝上不易脱落。枝蔓上的病斑初呈水渍状，淡红色，边缘深褐色，后期变深褐色凹陷，表皮密生灰白色小粒点。病树皮呈丝状纵裂与木质部分离，严重时枝蔓枯死。叶片发病多在叶尖或叶缘产生淡褐色水渍状病斑，后期表面生灰白色小粒点，病斑多干枯破裂（图 3-19）。

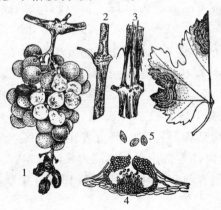

图 3-19　葡萄白腐病
1. 病果　2. 病蔓　3. 病叶　4. 分生孢子器　5. 分生孢子

（2）病原

白腐盾壳霉菌,属半知菌亚门盾壳霉属。分生孢子器球形或扁球形,灰白色至灰褐色,有孔口。分生孢子单胞、椭圆形或瓜子形,初为无色,成熟时呈褐色。

（3）发病规律

病菌主要以分生孢子器、菌丝体在病残体上遗留于地面和土壤中越冬。翌年春季产生分生孢子,靠雨水传播,通过伤口侵入,引起初侵染。生长季节可辗转再侵染。前期主要危害枝叶,6月以后主要危害果实。

高温、高湿是病害流行的主要因素。一般6月中下旬开始发病,7～8月为盛发期。夏季高温多雨,造成病害流行。多雨年份,高湿、通风透光不良、土质黏重、排水不良的果园,发病严重。白腐病为弱寄生菌,主要由伤口侵入,如遇暴风雨或雹害及虫伤后,则更易发病。果实进入着色期和成熟期后,近地面的果实容易发病。

（4）防治措施

①加强栽培管理。提高结果部位,50 cm以下不留果穗,减少病菌侵染的机会。及时摘心、绑蔓和中耕除草。合理施肥,注意果园排水,降低田间小气候的湿度。

②清除病源。葡萄生长季节及时剪除病果病蔓;冬季修剪后,将病残体和枯枝落叶深埋或烧毁,减少下年的初侵染源。

③地面撒药。重病园于发病前地面撒药灭菌。可用50%福美双可湿性粉剂1份、硫黄粉1份、碳酸钙2份,混合均匀,15～30 kg/hm² 混合药拌沙土375 kg,撒施果园土表。

④药剂防治。掌握发病初期开始喷药。可选用50%福美双可湿性粉剂600～800倍液、75%百菌清可湿性粉剂600倍液、50%异菌脲可湿性粉剂1 000～1 500倍液等。

3. 葡萄炭疽病

葡萄炭疽病又称晚腐病,是葡萄近成熟期的重要病害,发生严重的果园,可造成果实大量腐烂,对产量影响很大。葡萄炭疽病也是葡萄花穗腐烂的主要原因之一。

(1)症状

花穗染病,自上而下穗轴、小花、小花梗出现淡褐色湿腐状不定形斑,甚至整个花穗变黑褐色腐烂。果实被害初在果面产生针头大小的水渍状赤褐色圆形斑点,后逐渐扩大并凹陷,表面长出呈轮纹状排列的小黑点。天气潮湿时,病部表面出现粉红色黏质物,即为病原菌的分生孢子团。病果粒软腐,失水干枯成僵果,易脱落(图3-20)。叶片染病,多始自叶缘处暗褐色病斑,病斑互相连合致叶缘干枯。

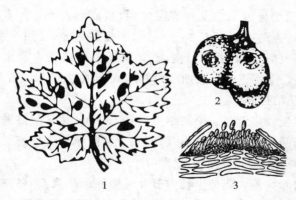

图3-20 葡萄炭疽病
1. 病叶 2. 病果 3. 分生孢子盘和分生孢子

(2)病原

小丛壳菌,属子囊菌亚门小丛壳属,无性世代是果生长圆盘孢菌和葡萄刺盘孢菌,属半知菌亚门。病斑上的小黑点即病菌分生孢子盘。孢子梗短,无色,单胞。分生孢子无色,单胞,椭圆形。

（3）发病规律

病菌主要以菌丝体在枝蔓、叶痕等处或随病残体遗落土壤中越冬。翌年产生分生孢子，借风雨、昆虫传播，从孔口或伤口侵入致病。南方 3～4 月葡萄花期遇阴雨温暖天气，易造成花穗腐烂。发病多从 6 月中下旬开始，7～8 月进入发病盛期。果实着色期，遇高温多雨则病害流行。地势低湿或土质黏重，施氮过多，枝蔓徒长，挂果部位低，通常发生较重。品种间抗性差异明显，一般果皮薄、晚熟的品种较易感病。

（4）防治措施

①加强果园管理。雨季及时排水，降低果园湿度；多施有机肥和磷钾肥，提高树势和抗病力；生长期及时摘心绑蔓，使果园通风透光，以减轻发病。

②清除菌源。秋冬季剪除病枝、枯梢、病僵果，清扫病落叶、病果，集中深埋或烧毁，减少园内病菌来源。

③药剂防治。春季萌动前，结合其他病虫害防治，喷 3～5 波美度石硫合剂加 0.5％五氯酚钠。发病较重的果园谢花后到第一次幼果膨大期重点喷药保护，可选用 80％代森锰锌（喷克）600 倍液，1∶0.7∶200 波尔多液、70％代森锰锌可湿性粉剂 500 倍液、70％甲基硫菌灵可湿性粉剂 1 000 倍液等。

4. 葡萄黑痘病

葡萄黑痘病又名疮痂病、鸟眼病，是葡萄果实的重要病害之一。在多雨潮湿地区，尤其是南方产区，发病严重，常造成枝梢枯死，叶片干枯穿孔，果实失去经济价值。

（1）症状

叶片受害，初呈针头大小的圆形褐色斑点，扩大后中央呈灰褐色，边缘色深，病斑直径 1～4 mm。随着叶的生长，病斑常形成穿孔。叶脉感病，造成叶片皱缩畸形。新梢、卷须、叶柄受害，病斑呈暗褐色、圆形或不规则凹陷，后期病斑中央稍淡，边缘深褐，病部常龟裂。新梢发病影响生长,以致枯萎变黑。幼果受害,病斑中央凹陷,呈灰白色,边缘褐至深褐色,形似鸟眼状,后期病斑硬化、龟裂,果小、味酸,不能食用(图3-21)。

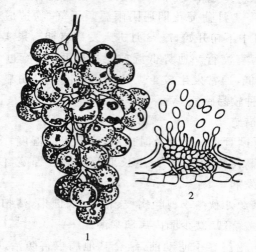

图 3-21 葡萄黑痘病
1. 病叶、病果 2. 分子孢子盘和分生孢子

(2)病原

葡萄痂圆孢菌,属半知菌亚门痂圆孢属。分生孢子盘半埋在寄主组织表皮下,孢子梗短,单胞,顶生分生孢子。分生孢子无色、单胞、椭圆形略弯曲。

(3)发病规律

病菌主要以菌丝体在病蔓、病梢及病果、病叶、叶痕等处越冬,翌年春暖时产生孢子,借风雨传播。多雨、高湿有利于分生孢子的形成、传播和萌发侵染。病害的发生与流行和降雨及大气湿度有密切关系,葡萄抽蔓、展叶和幼果期连续降雨,或潮湿的南方或沿海地区危害较严重。一般在开花前后发病。幼果期危害较重。在葡萄发育后期黑痘病多发生在新蔓或叶片上,果实发生很少。

不同品种之间黑痘病的发生有明显差异，由日本引进的巨峰、黑奥林、红富士等品种比较抗病。

（4）防治措施

①选用抗病品种。选育和种植适宜本地区的优良抗病品种。

②加强栽培管理。结合冬季清园，剪除病梢，摘除僵果，刮除主蔓上翘裂的枯皮，扫除病落叶、病穗，集中烧毁。

③苗木消毒。新建果园，所用苗木或接穗、插条，用 10％～15％硫酸铵溶液、3％～5％硫酸铜溶液浸泡 1～5 分钟后定植。

④喷药保护。葡萄开花前或落花后及果实黄豆粒大时各喷药一次，葡萄展叶后至果实着色前喷药防治。可选用 70％氢氧化铜悬浮剂 600～800 倍液等。

5. 葡萄扇叶病

葡萄扇叶病是普遍发生的一种病毒病，发病严重的果园，植株生长衰弱，生长期缩短，果穗减少，穗型变下，大小不齐，穗粒松散，成熟期推迟，产量降低。

（1）症状

叶片症状有扇叶型、黄化叶型和镶脉型三类。扇叶型：病株叶片变小，叶基部裂刻扩展呈平截状，叶缘锯齿伸长，主脉聚缩，叶身呈不对称畸形；病枝出现双芽对生于单芽位置上，有时病枝变扁。黄化叶型：新梢叶片出现鲜明黄色斑点并逐渐扩展为黄绿相间的花斑叶，黄化叶片通常不变形，但有时也呈扇叶状。镶脉型：叶片沿叶脉形成淡绿色或色带状斑纹，叶片不变形。葡萄扇叶病导致果穗松散，分枝少，果粒大小不齐，落果现象严重。

（2）病原

葡萄扇叶病毒，目前已报道有三个株系：扇叶株系、黄色花叶株系、镰脉株系，归为豇豆花叶病毒科线虫传多面体病毒属。该病毒为等径对称多面体，直径 30 nm。

（3）发病规律

葡萄扇叶病毒主要由土壤中的剑线虫进行传毒，也能靠嫁接和汁液传毒，线虫在病株根部短时间取食，几分钟即可获毒。病毒存留在寄主体内和活的根上，构成主要侵染源，可随苗木、枝条作远距离传播。葡萄园土壤浅薄时，在天气炎热和土壤温度高时，病株常枯死。

（4）防治措施

①加强检疫。新建葡萄园必须从无病毒果园引起繁殖材料。

②培育无病毒母本园。可采用茎尖脱毒的方法，获得无病毒苗木。从无毒母本树上采接穗进行嫁接或采插条进行扦插，繁殖无病苗。

③土壤消毒。可用 5％灭线磷颗粒剂 120～180 kg/hm²、98％棉隆 75～150 kg/hm²，兑细土沟施后覆土。

6. 葡萄穗轴褐枯病

（1）症状

主要危害葡萄果穗幼嫩的穗轴组织。发病初期，先在幼穗的分枝穗轴上产生褐色水浸状斑点，迅速扩展后致穗轴变褐坏死，果粒失水萎蔫或脱落。有时病部表面生黑色霉状物，即病菌分生孢子梗和分生孢子。该病一般很少向主穗轴扩展，发病后期干枯的小穗轴易在分枝处被风折断脱落。幼小果粒染病仅在表皮上生直径 2 mm 圆形深褐色小斑，随果粒不断膨大，病斑表面呈疮痂状。果粒长到中等大小时，病痂脱落，果穗也萎缩干枯别于房枯病。

（2）病原

葡萄生链格孢霉，属半知菌亚门真菌。分生孢子梗数根。丛生，不分枝，褐色至暗褐色，端部色较淡。分生孢子单生或 4～6 个串生，个别 9 个串生在分生孢子梗顶端，链状。分生孢子倒棍棒状，外壁光滑，暗褐至榄褐色，具 1～7 个横隔膜、0～4 个纵隔，大小

$(20\sim47.5)~\mu m\times(7.5\sim17.5)~\mu m$。

（3）发病规律

病菌以分生孢子在枝蔓表皮或幼芽鳞片内越冬,翌春幼芽萌动至开花期分生孢子侵入,形成病斑后,病部又产出分生孢子,借风雨传播,进行再侵染。人工接种,病害潜育期仅 2～4 天。该菌是一种兼性寄生菌,侵染决定于寄主组织的幼嫩程度和抗病力。若早春花期低温多雨,幼嫩组织(穗轴)持续时间长,木质化缓慢,植株瘦弱,病菌扩展蔓延快,随穗轴老化,病情渐趋稳定。老龄树一般较幼龄树易发病,肥料不足或氮磷配比失调者病情加重;地势低洼、通风透光差、环境郁闭时发病重。品种间抗病性存有差异。高抗品种有龙眼、玫瑰露、康拜尔早、密而紫,玫瑰香则几乎不发病。其次有北醇、白香蕉、黑罕等。感病品种有红香蕉、红香水、黑奥林、红富士、巨峰最易感病。

（4）防治措施

农业防治:选用抗病品种。控制氮肥用量,增施磷钾肥,同时搞好果园通风透光、排涝降湿,也有降低发病的作用。在葡萄叶片4～5 片叶时摘心、摘须、整枝控梢生长,使枝条积累养分。清除病枝、病果,集中销毁,消灭越冬菌源。

药剂防治:葡萄幼芽萌动前喷 3～5 波美度石硫合剂加 200 倍五氯酚钠,重点喷结果母枝,消灭越冬菌源。喷药关键期是从穗轴抽生到果实加速膨大前,喷 50％异菌脲可湿性粉剂 1 000 倍液,或50％甲基托布津可湿性粉剂 1 000 倍液,或 1.5％多抗霉素 500 倍液,或 40％克菌丹可湿性粉剂 500 倍液,或 50％腐霉利可湿性粉剂1 000 倍液。棚室栽培用 50％甲基托布津可湿性粉剂 800 倍液,或25％瑞毒霉可湿性粉剂 500 倍液及百菌清烟雾剂交替使用。

7. 葡萄酸腐病

近几年在我国已成为葡萄重要的病害。危害严重的果园,损失在 30％～80％,甚至绝收。

（1）症状

可以用六句话来概括：一是有烂果，即发现有腐烂的果粒，如果是套袋葡萄，在果袋的下方有一片深色湿润（习惯称为尿袋）；二是有类似于粉红色的小蝇子（醋蝇，长 4 mm 左右）出现在烂果穗周围；三是有醋酸味；四是正在腐烂、流汁液的烂果，在果实内可以见到白色的小蛆；五是果粒腐烂后，腐烂的汁液流出，会造成汁液经过的地方（果实、果梗、穗轴等）腐烂；六是果粒腐烂后，果粒干枯，干枯的果粒只是果实的果皮和种子。

（2）病原

病原为醋酸细菌、酵母菌、多种真菌、果蝇幼虫等。通常是由醋酸细菌、酵母菌、多种真菌、果蝇幼虫等多种微生物混合引起的。严格讲，酸腐病不是真正的一次病害，应属于二次侵发病害。首先是由于伤口的存在，从而成为真菌和细菌的存活和繁殖的初始因素，并且引诱醋蝇来产卵。醋蝇身体上有细菌存在，爬行、产卵的过程中传播细菌。引起酸腐病的真菌是酵母菌。空气中酵母菌普遍存在，并且它的存在被看做对环境非常有益，起重要作用。所以，发生酸腐病的病原之一的酵母菌的来源不是问题。引起酸腐病的另一病原是醋酸菌。酵母把糖转化为乙醇，醋酸细菌把乙醇氧化为乙酸；乙酸的气味引诱醋蝇，醋蝇、蛆在取食过程中接触细菌，在醋蝇和蛆的体内和体外都有细菌存在，从而成为传播病原细菌的罪魁祸首。醋蝇属于果蝇属昆虫，世界上有 1 000 种醋蝇，其中法国有 30 种，是酸腐病的传病介体。一头雌蝇一天产 20 粒卵（每头可以产卵 400～900 粒）；一粒卵在 24 小时内就能孵化；蛆 3 天可以变成新一代成虫。由于繁殖速度快，醋蝇对杀虫剂产生抗性的能力非常强，一种农药连续使用 1～2 个月就会产生很强的抗药性。在我国，作为酸腐病介体醋蝇的种类及它们的生活史还不明确。首先有伤口，而后醋蝇在伤口处产卵并同时传播细菌，醋蝇卵孵化、幼虫取食同时造成腐烂，之后醋蝇指数性增长，引起病害的流行。

（3）发生规律

醋蝇是酸腐病的传病介体。传播途径包括：表皮（外部），爬行、产卵过程中传播病菌；内部，病菌经过肠道后照样能存活，使醋蝇具有很强的传播病害的能力。在高温高湿空气不流通时，经常是果穗内先个别果粒开始腐烂，烂果粒的果汁流滴至其他果粒上，迅速引起其他果粒的果皮开裂，进而病原或果蝇幼虫生长危害，造成大量的果粒腐烂。

品种间的发病差异比较大，巨峰受害最为严重，其次为里扎马特、酿酒葡萄（如赤霞珠），无核白（新疆）、白牛奶（张家口的怀来、涿鹿、宣化）等发生比较严重，红地球、龙眼、粉红亚都蜜等较抗病。不同成熟期的品种混合种植，能增加酸腐病的发生。酸腐病是成熟期病害，早熟品种的成熟和发病，往往为晚熟品种增加醋蝇基数和提高两种病原的菌势，从而引起晚熟品种酸腐病的大发生。机械伤（如冰雹、风、蜂、鸟等造成的伤口）或病害（如白粉病、裂果等）造成的伤口容易引来病菌和醋蝇，从而造成发病。雨水、喷灌和浇灌等造成空气湿度过大、叶片过密，果穗周围和果穗内的高湿度会加重酸腐病的发生和危害。

（4）防治措施

农业防治：选用抗病品种。发病重的地区选栽抗病品种，尽量避免在同一果园种植不同成熟期的品种。葡萄园要经常检查，发现病粒及时摘除，集中深埋；增加果园的通透性（合理密植、合理叶幕系数等）；葡萄的成熟期不能（或尽量避免）灌溉；合理使用或不要使用激素类药物，避免果皮伤害和裂果；避免果穗过紧（使用果穗拉长技术）；合理使用肥料，尤其避免过量使用氮肥等。

药剂防治：早期防治白粉病等病害，减少病害伤口，幼果期使用安全性好的农药，避免果皮过紧或果皮伤害等。80%必备和杀虫剂配合使用,是目前酸腐病的化学防治的唯一办法。自封穗期开始喷 80% 必备 400 倍液,使用量为 6～9 kg/hm²,10～15 天喷一次,连喷 3 次(如果注意重点喷穗部,3 kg/hm² 可以有效控制酸腐病)。选择低毒、低残留、分解快的杀虫剂,如 10% 歼灭乳油 3 000 倍液,或 50% 辛硫磷 1 000 倍液,90% 敌百虫 1 000 倍液,一种杀虫剂只能使用一次,以减少醋蝇抗性。

葡萄其他病害见表 3-5。

表 3-5　葡萄其他病害

病害名称	症状特点	发病规律	防治要点
葡萄锈病	叶面出现小黄点,叶背产生橙黄色疱斑,疱斑破裂散出橙黄色粉状物,严重时橙黄色粉状物布满整个叶片,致叶片干枯、早落	南方温暖地区以夏孢子越冬,寒冷地区以冬孢子在病落叶上越冬。气流传播,高温干旱的季节及夜间多露有利发病	结合清园,喷施石硫合剂;加强肥水管理,增施有机质肥和磷钾肥;发病初期开始喷施三唑酮乳油、多菌灵·硫黄悬浮剂
葡萄白粉病	叶片、嫩梢、果穗、幼果的病部有白色粉状物,病果停止生长,呈畸形,味酸	以菌丝体在病组织内越冬。分生孢子借风力传播,温暖潮湿易诱发本病	加强栽培管理;用三唑酮等药剂防治(参阅葡萄锈病)
葡萄褐斑病	大褐斑病叶斑褐色,近圆形或不规则形,斑背生深褐色霉层。小褐斑病叶斑深褐色,病斑小,中部色浅,霉层灰黑褐色	以菌丝体在病叶中越冬。分生孢子借风雨传播。萌发后由气孔侵入。潜育期约 20 天。高温高湿,雾大露重发病重	加强栽培管理;清除菌源;防治黑痘病、白腐病、炭疽病时可兼治

续表 3-5

病害名称	症状特点	发病规律	防治要点
葡萄蔓枯病(蔓割病)	主要危害当年新梢,但不表现症状。翌年春皮层变为黑褐色,病部组织坏死凹陷。表皮翘起,皮下生黑色分生孢子器	以分生孢子器或菌丝在病蔓上越冬。分生孢子借风雨传播。经伤口、皮孔和自然孔口侵入,病蔓矮化或黄化,经 1～2 年现病征	加强栽培管理;刮除蔓上病斑,涂 5 波美度石硫合剂;结合黑痘病等进行防治
葡萄房枯病(轴枯病)	小果梗病斑褐色,晕圈褐色。穗轴或果粒生不规则褐斑,病果粒暗紫色或黑色,干缩成僵果,不脱落。叶斑中央灰白色边缘褐色,分生孢子器黑色	以分生孢子器或子囊壳在病果和病叶上越冬。翌年 3～7 月,分生孢子或子囊孢子借风雨传播。15～35 ℃均可发病,最适 24～28 ℃。高温多雨病害易流行	选用抗病品种;清洁田园。加强栽培管理;可用苯菌灵或波尔多液等药剂防治(参阅白腐病、炭疽病)

8. 葡萄透翅蛾

葡萄透翅蛾属鳞翅目透翅蛾科,是葡萄枝蔓的重要害虫。幼虫蛀食枝蔓,被害茎上有蛀孔,并堆有虫粪。被害部肿大,致使叶片发黄,果实脱落,枝蔓易被折断枯死。

(1)形态特征

成虫体长约 20 mm,体蓝黑色,头部、颈部及后胸两侧均为黄色,头部颜面白色。前翅红褐色,前缘、外缘和翅脉黑色,后翅透明。腹部有 3 条黄色横带,以第四节的一条最宽。卵长椭圆形,略扁平,红褐色。老熟幼虫体长 38 mm,圆筒形,头部红褐色,体淡黄白色,幼虫近化蛹时体带紫红色,前胸背板有倒八字形纹。蛹似纺锤形,红褐色,腹部各节有刺列。

(2)发生规律

一年发生一代,以幼虫在被害枝蔓里越冬,春季萌芽后幼虫在枝蔓内做茧化蛹。成虫白天羽化,有趋光性,夜间活动和交尾,卵产于当年生枝蔓的芽腋或幼茎上。幼虫孵化后,多从叶柄基部蛀入幼茎中危害,幼茎蛀空后,转入粗茎食害,被害处常膨大如瘤,蛀孔外堆有大量虫粪。

(3)防治措施

①剪除虫枝。结合冬季修剪,剪除被害枯蔓,及时烧毁,消灭越冬幼虫。在葡萄生长季节,发现有枯死或带有虫粪的枝蔓,立即剪掉。

②药剂防治。掌握成虫发生期和幼虫孵化期,及时喷90%敌百虫晶体800倍液、50%杀螟硫磷乳油1 000倍液杀死成虫和初孵幼虫。

③刺杀枝内幼虫。检查粗枝有蛀孔时,可用80%敌敌畏乳油500倍液注入孔内,然后用黄泥堵塞,以熏杀蛀孔内幼虫。

9. 葡萄天蛾

葡萄天蛾又叫葡萄车天蛾,属鳞翅目天蛾科。以幼虫取食叶片,食量很大,严重时可将枝条叶片全部吃光。

(1)形态特征

成虫体长38～42 mm,茶褐色,体背中央有一条白色背线。前翅各有4～5条茶褐色弧形横线,中横线较宽呈带状,外横线较细,两翅展平后这些横线各在同一环圈上,形似车轮,故名车天蛾。后翅基角黑褐色。卵圆球形,表现光滑,淡绿色。幼虫末龄体长70～80 mm,全体青绿色或灰褐色。气门圆,呈红褐色。虫体较平滑,体背各节有八字纹,体侧有7条斜线。第八腹节背面具一锥状尾角。蛹黄褐色,体表散生黑褐色细点(图3-22)。

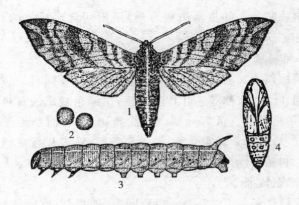

图 3-22　葡萄天蛾
1. 成虫　2. 卵　3. 幼虫　4. 蛹

（2）发生规律

一年发生 1～2 代，以蛹在葡萄根际的浅土层内越冬。翌年 5～6 月羽化成虫。成虫白天潜伏，夜晚活动，具趋光性。卵散产于葡萄叶背或嫩梢上。卵期 7 天左右，初孵幼虫可栖息在叶背主脉和叶柄上，夜晚取食，常将新梢叶片吃光后转移到邻近新梢上危害。7 月中下旬幼虫老熟化蛹，蛹期十余天，8 月上旬出现第二代成虫，8 月中旬出现第二代幼虫危害，9 月下旬幼虫老熟入土化蛹越冬。天蛾幼虫易感染病毒而死亡，死亡后的虫体变软而呈黑色，以尾足攀住树枝倒挂在树上。

（3）防治措施

①人工捕杀幼虫。可根据地面虫粪寻找植株上幼虫进行捕杀。

②药剂喷杀低龄幼虫。可选 44％丙溴磷乳油 1 000～1 500 倍液、80％敌敌畏乳油 1 000 倍液、10％敌畏氯氰乳油 2 000～2 500 倍液、2.5％溴氰菊酯乳油 2 000 倍液喷雾。

③灯光诱蛾。成虫发生期利用黑光灯诱杀成虫。

④生物防治。幼虫易患病毒病,用田间自然死亡的幼虫制成200倍液喷布树体。

10. 葡萄短须螨

葡萄短须螨又名葡萄红蜘蛛,属蜱螨目细须螨科。以成、若螨危害嫩梢、叶片、果穗等。叶片受害后,由绿色变成淡黄色,然后变红,最后焦枯脱落。危害叶柄、穗轴、新梢后,表面变为黑褐色,质地变脆,极易折断。果实受害,果面呈铁锈色,表皮粗糙龟裂,影响果实着色和品质。

(1)形态特征

雌成螨体长约0.32 mm,扁卵圆形,赭褐色,背面体壁有网状花纹,足短粗多皱。幼螨体鲜红色,有足3对。若螨体较扁平,有足4对。体淡红色或暗灰色。卵椭圆形,鲜红色,有光泽(图3-23)。

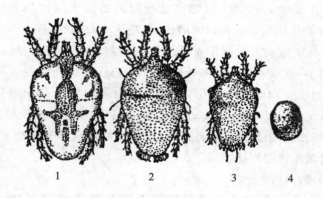

图 3-23 葡萄短须螨
1. 成螨 2. 若螨 3. 幼螨 4. 卵

(2)发生规律

一年发生5~10代。主要以成螨在树根颈部、枝蔓翘皮下或裂缝中越冬,在我国南方无明显休眠现象。葡萄萌芽时,越冬代雌螨出蛰上芽危害,随着新梢长大,不断向上蔓延。以幼螨、若螨和成螨危害嫩芽基部、叶片和果实。7～9 月是危害盛期,10 月底转移到叶柄基部和叶腋间,11 月中旬越冬。一般多在叶片绒毛密而短的品种上危害,绒毛少而光滑的品种上发生数量少。高温、干旱有利于其生长发育。土壤含水量少,管理粗放的受害较重。短须螨的天敌有瓢虫、捕食螨和蜘蛛等,对控制短须螨数量消长有一定作用。

(3)防治措施

①冬季清园。剥除枝蔓上老粗皮烧毁,消灭在粗皮内越冬的雌成螨。

②苗木处理。从外地引进苗木时,在定植前用 3 波美度石硫合剂浸泡 3～5 分钟,晾干后定植。

③药剂防治。春季葡萄发芽时,喷 3 波美度石硫合剂。生长季节喷 5％噻螨酮乳油 1 500 倍液、15％哒螨灵乳油 2 000 倍液、30％除螨特乳油 1 000 倍液。

11. 葡萄缺节瘿螨

葡萄缺节瘿螨又名葡萄潜叶壁虱、葡萄锈壁虱,属蜱螨目瘿螨科。被害叶片最初在叶背面发生苍白色病斑,以后表面逐渐隆起,叶背被害螨刺激形成似毛毡状的绒毛状物。绒毛先为灰白色,后渐变成黑褐色。严重时,病叶皱缩、变硬,表现凹凸不平。

(1)形态特征

成螨体似胡萝卜形,乳白色,半透明,体长 0.1～0.3 mm,有许多环纹。近头部有两对足,腹部细长,尾部两侧各生一根细长刚毛。卵椭圆形,淡黄色(图 3-24)。

(2)发生规律

以成螨在芽鳞或被害叶内越冬。第二年春天随着芽的开放,瘿螨由芽内爬出,随即钻入叶背茸毛底下吸食汁液,刺激叶片,增生绒毛。被害叶背发生苍白色斑点,幼嫩叶片被害部呈茶褐色,叶面出现瘤状突起,叶背生灰白色绒毛。

(3)防治措施

①苗木处理。苗木、插条均能传播瘿螨,定植前要进行消毒。一是温汤消毒,先把插条或苗木放入 30～40 ℃热水中浸 5～7 分钟,后移入 50 ℃热水中,再浸 5～7 分钟,即可杀死潜状的瘿螨。二是药剂消毒,用 3 波美度石硫合剂浸泡 3～5 分钟,也可杀死苗木上的害螨。

图 3-24　葡萄缺节瘿螨

②做好清园工作。冬春彻底清扫果园,收集被害叶片深埋。在葡萄生长初期,发现有被害叶片时,应立即摘掉烧毁,以免继续蔓延。

③早春防治。早春葡萄芽萌动时,喷 3～5 波美度石硫合剂,杀死潜伏在芽内的瘿螨。

④生长季节防治。在历年发生严重的果园,发芽后喷 0.3～0.5 波美度石硫合剂加 0.3％洗衣粉的混合液,进行淋洗式喷雾。葡萄生长季节,发现瘿螨危害时,可喷 0.2～0.3 波美度石硫合剂、2.5％氯氟氰菊酯乳油 3 000～4 000 倍液、15％哒螨灵乳油 3 000 倍液。

葡萄其他害虫见表 3-6。

表 3-6　葡萄其他害虫

害虫种类	危害特点	生活史及习性	防治要点
葡萄二星叶蝉	以成虫、若虫危害叶片,虫体在叶背面以刺吸口器危害,叶片正面产生苍白色失绿斑,叶背面产生淡黄褐色枯斑	以成虫在杂草、枯叶等隐蔽处越冬。葡萄展叶时转移到叶背主脉基部聚集危害。卵产于叶背叶脉的表皮下,5月中旬若虫出现,以后各代重叠	消除树下落叶及杂草,消灭越冬成虫;第一代若虫集中发生期喷药防治,可喷氰戊菊酯、吡虫啉等
葡萄十星叶甲	以成虫及幼虫啃食葡萄叶片或幼芽,造成叶片穿孔、残缺	一年1代,翌年4~5月孵化为幼虫危害叶片,6月下旬化蛹。8月中旬至9月中旬为产卵盛期。成虫有假死性,触动时即分泌恶臭的液体	利用该虫的假死性捕捉成虫、幼虫,集中杀死;喷药防治,选用溴氰菊酯、氰戊菊酯等
葡萄虎蛾	幼虫将叶片吃成缺口或孔洞,严重时可将叶片吃光,仅残留叶柄及叶片基部主脉	一年2代,翌年5月中旬开始羽化为成虫。6月中下旬幼虫取食嫩叶。7月下旬至8月中旬出现第一代成虫。8月中旬至9月中旬为第二代幼虫危害期,成虫有趋光性	消灭越冬蛹;幼虫发生量大时喷药(药剂参阅葡萄十星叶甲)
葡萄虎天牛	幼虫蛀食葡萄枝蔓,使枝蔓生长衰弱,上部新梢枯萎,或从被害处折断	一年1代,以幼虫在主蔓内越冬。翌年5~6月继续在枝内蛀食。7~8月成虫羽化并产卵,幼虫孵化后从皮层蛀入木质部危害,粪便堵塞虫道内,不排出隧道外。落叶后,被害处表皮变黑	冬季结合修剪,除去虫枝,消灭幼虫;对主蔓内幼虫可用铁丝刺杀,或注入敌敌畏毒杀幼虫;成虫盛发期喷氰戊菊酯、敌百虫等

四、桃、李、杏、樱桃营养失调诊断及病虫害防治

（一）桃营养失调症状诊断

1. 氮素失调

桃树缺乏氮素枝梢顶端叶片淡黄绿色，基部叶片红褐色，呈现红色、褐色和坏死斑点，叶片早期脱落；枝梢细、短、硬，皮部呈淡褐红至淡紫红色；全树营养生长减弱，幼树长成"小老树"；成年树加速衰老，花芽不充实，开花少；果实产量下降，品质变差。氮素过剩表现为徒长枝增加，叶片变肥大，叶色深绿发暗；花芽分化不良；果实成熟延迟，着色差，品质变劣，产量下降。

2. 磷素失调

桃树缺磷早期症状不明显，严重缺磷时，叶片稀少，叶片暗绿转青铜色，或发展为紫色；一些较老叶片窄小，叶缘向外卷曲，并提早脱落；到秋季，叶柄及叶，叶背的叶脉带红色；花、果减少，生长明显受阻，产量下降。

3. 钾素失调

缺钾症最先出现在新梢中部成熟叶片，逐步向上部叶片蔓延。新梢中部叶片变皱卷曲，随后坏死，症状叶片发展为裂痕、开裂；从果实膨大期开始叶色变淡，出现黄斑，随后从叶尖开始枯萎，并扩展到叶缘，分散性地出现小孔；叶片向内卷曲，坏死脱落；中央叶脉呈现红色或紫色，并明显突出；新生枝生长纤弱，花芽形成少，产量下降。由于缺钾，叶片上出现的坏死部分逐渐扩大，即使在其他果树尚未出现缺钾的地方，桃也出现缺钾症。尤其是沙质土或含腐殖质少的土壤容易缺钾。

4. 钙素失调

桃树缺钙幼叶由叶尖及叶缘或沿中脉干枯，严重时，小枝枯

死,大量落叶;根尖枯死,并在枯死的根尖后部又发生很多新根;果实缝合线部位软化,品质变劣。

5. 镁素失调

桃树缺镁时,当年生枝条成熟叶或树冠下部叶片叶脉间褪绿呈淡绿色,叶脉保持绿色,出现水渍状斑点以及有明显界线的紫红色坏死斑块。随着缺镁加重,靠近顶部的叶片也明显褪绿,老叶的水渍状斑点变为灰色或白色,而后呈淡黄色,随之叶片脱落;花芽减少,产量下降。一些幼年树如缺镁严重,过冬后可能死亡。

6. 硫素失调

桃树缺硫新叶均匀失绿,呈黄绿色。桃树二氧化硫中毒症状表现为叶脉间褪成灰白色或黄白色并落叶。

7. 硼素失调

桃树缺硼时,枝条顶端枯死,在枯死部位下端发生很多丛生弱枝,小枝增多;叶片变小且畸形脆弱;果实发病初期出现不规则局部倒毛,倒毛部底色呈青绿色,以后随果增大由青绿转为深绿色,并开始脱毛出现硬斑,逐步木栓化,分泌胶状物质,产生畸形果。桃树硼过剩表现为叶小,叶背主脉有坏死斑点。1～2年生小枝轻度溃疡。严重时,叶片转黄且早期落叶。

8. 锌素失调

桃树缺锌时,叶缘卷缩,叶片变狭,叶脉间逐渐变黄白色,出现黄色斑纹;新梢先端变细,节间短缩,近枝顶端呈莲座状叶;严重时,叶片枯死,从下而上出现落叶,造成光干;发病枝花芽形成受阻;结果量很少,果实多畸形,无食用价值。

9. 铁素失调

桃树缺铁幼叶叶肉失绿黄化,有时整个新梢黄萎,新叶呈黄白色;枝条的中下部叶片常呈现黄绿相间的花纹叶;严重缺铁时,叶缘呈褐色烧焦状,叶片提前脱落,生长停滞甚至死亡;果实小,味淡,红色素不易形成。

10. 锰素失调

桃树缺锰上部叶片脉间黄化,只有叶脉保持绿色,多在新叶暗绿色的叶脉之间出现淡绿色的斑点或条斑。

11. 铜素失调

桃树缺铜的最先症状是不正常深绿色叶片的出现。当缺素症严重时,叶片脉间变黄绿色,顶端发出畸形叶,叶长而窄,叶缘不整齐;顶梢从尖端开始枯死,在此之前,顶芽先停止生长,使顶端呈莲座状和丛芽生长。

(二)李营养失调症状诊断

1. 氮素失调

缺氮在许多土壤类型上都容易发生,大多在生长中期。叶片从深绿色变为淡绿色,甚至完全转为黄色,但叶脉仍保持绿色,老叶顶端叶缘为橙褐色日灼状,并沿叶脉向基部扩展,坏死组织部分微向上卷曲,果实不能充分发育,达不到商品要求的标准。

2. 磷素失调

缺磷时从老叶顶端向叶柄基部扩展,叶脉之间失绿,叶片上面逐渐呈红葡萄酒色,叶缘更为明显,背面的主、侧脉红色,向基部逐渐变深,生长中期健康植株叶片含磷量为 $1.8\sim2.2$ mg/g 干物质,说明土壤中不缺磷,若低于 1.2 mg/g 干物质时,上述症状就明显可见。

3. 钾素失调

缺钾发病初期只在叶缘附近出现暗紫色部分,这是由于细胞液流到细胞间隙而使组织呈水浸状的缘故。这些病斑在夏季往往只需几小时或 1 天就变枯焦。降雨后病斑常转为茶褐色,随后,由于邻近组织的生长,使整个叶片皱缩卷曲。如果缺钾程度较轻,叶片出现焦边现象,如果较重,则往往使整个叶片枯焦,而且长期附在枯梢上不易脱落。植株缺钾,花芽发育不充实,果实变小。

4. 钙素失调

缺钙时新成熟叶的基部叶脉颜色暗淡,坏死,逐渐形成坏死组织片,然后质脆干枯,落叶,枝梢死亡,下面叶芽萌发后或成莲叶状。严重时影响根系发育,根端死亡。经常施用过磷酸钙的土壤,不容易出现缺钙。

5. 镁素失调

缺镁时,常发生在李树生长的中、晚期,较老叶片先褪绿,往往从近叶缘或脉间开始发黄,但叶片基部近叶柄处仍保持绿色,健康叶的含镁量常超过 3.8 mg/g 干物质,新形成的叶片含镁量低于 1 mg/g 干物质时就出现缺镁,严重时老叶呈水渍状,并形成黄褐色枯斑,叶片提前脱落,花芽形成受阻,产量下降。

6. 硫素失调

缺硫初期症状为幼叶边缘失绿或黄色,逐渐扩大,仅在主、侧脉结合处保持一块呈楔形的绿色,最后幼嫩叶全面失绿。这种症状发生率很低,硫酸铵等肥料中已含有足够的硫元素。

7. 硼素失调

缺硼发病时幼叶的中心就会出现不规则黄色,随后在主、侧脉两边连结成大片黄色,未成熟的幼叶变成扭曲,畸形,生长受到严重影响。在沙土、砾土地发生较多。可以用硼砂 100 g 溶入 100 L 水在液面喷洒,以矫正失调。每公顷硼肥用量超过 30 kg 时就会出现硼中毒,症状为老叶脉间失绿,并扩大到幼叶,呈杯状卷曲,组织坏死,在风吹日晒下坏死组织呈银灰色,质脆易碎,呈撕破状。

8. 锌素失调

锌在李树韧皮部内能相对移动,但施磷肥过早会影响土壤中锌的可利用率,甚至表现为缺乏症。缺锌时新梢会出现小叶症状,老叶脉间失绿,开始从叶缘扩大到叶脉之间,叶片未见坏死组织,但侧根的发育受到影响。缺锌可用 1% 的硫酸锌水溶液喷洒叶部加以矫正。

9. 铁素失调

缺铁在我国很多地区已有发现,外观症状先为幼叶脉间失绿,变成淡黄和黄白色,有的整个叶片,枝梢和老叶的叶缘都会失绿,叶片变薄,容易脱落。初夏连续下雨后,常常发生缺铁,用硫酸亚铁350倍溶液喷洒就可以慢慢恢复。

10. 锰素失调

缺锰时叶缘失绿,侧脉失绿进而主脉附近失绿,小叶脉间的组织向上隆起,并像蜡色有光泽,最后仅叶脉保持绿色。锰失调常见于土壤pH高于6.8的地区或者石灰过多的土壤。用碾得很细的硫黄、硫酸铝或硫酸铵补充,使之能吸收利用。

11. 铜素失调

缺铜发病初期幼叶及未成熟叶失绿,随后发展为漂白色,结果枝生长点坏死,皮部出现斑疹和流胶,每公顷施用25 kg硫酸铜可以矫正,正常的叶含铜量为10 mg/g干物质。

12. 氯素失调

缺氯时先在老叶顶端主、侧脉间出现分散片状失绿,从叶缘向主、侧脉扩张,有时边缘连续状,老叶常反卷呈杯状,幼叶的叶面积减小,离根端2~3 cm的组织肿大,常被误认为是根结线虫的囊肿。在雨水较多的地区,土壤中的氯元素被淋溶而损失,可用补充氯化钾肥料加以矫正。

(三)杏营养失调症状诊断

1. 氮素失调

缺氮时,树体长势弱,叶片小而薄,叶色淡,呈淡绿色或黄色,完全花比例、坐果率和产量降低。当含氮量过多时会引起氮中毒现象,具体表现为叶片由正常的绿色变为暗绿色到蓝绿色。到生长后期,叶片边缘发黄,并逐渐扩展到叶片内部,出现不规则的坏死斑,病斑最后遍及整个叶片,两边叶缘稍向上翘起。除新梢顶端的一小部分叶片外,大部分叶片在短时间内脱落。

2. 磷素失调

缺磷时树体生长缓慢、枝条纤细、叶片变小、叶色变为深灰绿色,很快基部叶片出现花斑叶,继而脱落。缺磷时的杏树花芽分化不良、坐果率低、产量下降、果个变小,不能达到正常的鲜亮度。

3. 钾素失调

杏树缺钾时,叶片小而薄,色浅呈黄绿色,叶缘向上卷,从叶尖开始焦枯,新叶比老叶更重。严重缺钾时,全树呈焦灼状,进而使树体枯死。

4. 钙素失调

缺钙时根系的生长受阻,不长根毛。缺钙先是幼叶受害,叶缘间及叶脉褪绿,并出现坏死斑点,新梢枯顶,根部腐烂,果实不耐储藏。钙在植株内流动性差,不能再次利用,酸性土壤容易引起缺钙,可通过增施有机肥、过磷酸钙加以矫正。

5. 镁素失调

镁缺乏常发生在生长季节的后期。缺镁时老叶的叶脉间呈黄色斑点,逐渐发展连成块状,严重时整个叶片变黄,然后叶脉、叶缘、叶尖坏死,引起早期落叶。酸性土壤及多雨地区易缺镁,缺镁可通过叶面喷施 1 000 倍的硫酸镁溶液补充。

6. 硼素失调

缺硼发病时幼叶的中心就会出现不规则黄色,随后在主、侧脉两边连结成大片黄色,未成熟的幼叶变成扭曲,畸形,生长受到严重影响。在沙土、砾土地发生较多。杏树硼过剩时,1~2 年生小枝节间缩短,常流胶,皮部严重开裂;夏季许多小枝的顶尖枯死,近梢尖叶片呈黑色,坏死脱落;少量小枝叶柄及主脉下部出现溃疡,表皮坏死;着果少,但果实外形正常,提早成熟;少量果实表面产生不规则类似痴瘤的突起,果实成熟前脱落。

7. 锌素失调

缺锌最突出的症状是叶片变窄、变小,节间变短,叶密集呈莲座状或轮生状,故又称小叶病。常出现在新梢老叶片上,呈斑纹或黄化状,新梢由基部向上逐渐落叶,果实变小畸形。在黏重土壤或酸性土壤的果园中易发生缺锌,土壤中钙离子多,会使锌变成沉积状态。可喷施 0.1% 的硫酸锌溶液加以矫正。

8. 铁素失调

夏季容易发生缺铁。缺铁时叶片失绿是突出的特征,又称黄化病、黄叶病。在很多果树上都存在缺铁性黄叶病,严重时变焦枯死。在碱性土壤中容易发生缺铁症状。

9. 锰素失调

缺锰时,叶绿素的合成及光合作用受阻,从而使成熟叶片,主要是新梢基部和中部叶片从叶缘到叶脉开始失绿,阻碍新梢生长。

10. 铜素失调

杏树缺铜,在顶梢停止生长之前,从尖端开始枯梢,顶端呈莲座状丛芽,叶片弱小,不能正常结果。

(四)樱桃营养失调症状诊断

1. 氮素失调

缺氮会使樱桃的生长速度显著减缓,植株矮小,易早衰。叶子呈现不同程度的黄色、红色。缺氮症状首先表现在老叶上。缺氮时可叶面喷施 0.1%～0.3% 的尿素,或土壤追施尿素、磷酸二铵等氮素化肥。氮素过量时营养生长旺盛,植株徒长、易造成群体隐蔽,光照减弱,影响光合作用。叶片浓绿、多汁,腋芽生长旺盛,花芽形成少。植株对寒冷、干旱和病虫的抵抗力变差。果实的养分积累降低,果实成熟期推迟,果肉组织疏松,易遭受碰压损伤,保鲜期变短。氮素过量时,减少氮肥用量,多施磷、钾肥等。

2. 钾素失调

缺钾表现为叶片边缘枯焦,从新梢的下部逐渐扩展到上部,仲夏至夏末在老树的叶片上首先发现枯焦。有时叶片呈青绿色,进而叶缘可能与主脉呈平行卷曲,褪绿,随后灼伤或死亡。

3. 钙素失调

缺钙会导致生长点受损,顶芽生长停滞。幼叶失绿、变形,常出现弯钩状,叶缘卷曲、黄化。严重时,新叶抽出困难,甚至相互粘连,或叶缘呈不规则锯齿状开裂,出现坏死斑点。缺钙时根尖生长停滞,根系短而膨大,有强烈分生新根现象。缺钙可通过土施过磷酸钙、硅镁钙肥等含钙肥料补充。也可叶面喷施果树钙肥或硝酸钙 600~1 000 倍液等叶面钙肥。

4. 镁素失调

樱桃缺镁较老叶处叶脉间呈褪绿,随之坏死,叶缘是首先发病的部位,呈紫色、红色和橙色,有浅晕,易先行坏死,早期落叶。

5. 硫素失调

缺硫植物生长受阻,尤其是营养生长,症状类似缺氮。叶片失绿或黄化,褪绿均匀,植株普遍缺绿,后期生长受抑制。一般先在幼叶(芽)上开始黄化,叶脉先褪绿,遍及全叶,但叶肉仍呈绿色。茎细弱,根细长不分枝,开花结实推迟,果实小而畸形、色淡、皮厚、汁少。空气中二氧化硫过多时,会使树体产生中毒,其表现为叶片呈白色或褐色。树体缺硫时,土壤追施硫基复合肥、氮硫肥 20 kg/亩,或叶面喷施 600~1 000 倍液的硫酸镁、硫酸锌等硫肥。

6. 硼素失调

缺硼时新梢叶片黄化,叶缘向上微卷,叶脉扭曲,叶柄变粗、变脆,枝条顶端的韧皮部及形成层中呈现细小的坏死区域,叶片提早脱落,形成枯梢。花发育不健全,坐果率低,幼果果皮易出现水渍状斑点，坏死干缩而凹凸不平，异常落果或形成干缩果。硼过量会造成中毒，症状为叶缘出现规则黄边，老叶比新叶症状明显。缺硼可通过叶面喷施 0.2％的硼酸（硼砂）肥，效果很好。

7. 锌素失调

植物生长受到抑制，枝条先端出现小叶，并呈莲座状。枝条的节间缩短，呈簇生状，严重缺锌时，枝条枯死。缺锌时叶子也发生黄化，且总是老叶首先失绿。缺锌可通过叶面喷施 600～1 000 倍硫酸锌补充。

8. 铁素失调

缺铁新梢上部叶子首先黄化，表现"黄叶病"。严重缺铁时，幼叶几乎呈白色。逐渐向下发展，但叶脉常保持绿色，进一步加重时出现叶子白化现象。白化叶持续一段时间后，叶缘附近会出现烧灼状焦枯或叶面穿孔，然后叶片脱落，呈枯梢状。缺铁可以通过土施 20～40 kg/亩硫酸亚铁来补充。

9. 锰素失调

缺锰叶表面叶脉间褪绿呈淡绿色，近主脉处为暗绿色，但缺锰时在黄化区内杂有褐色斑点。严重时，失绿部分呈苍白色，叶片变薄，脱落，形成秃枝或枯梢。缺锰会导致坐果率降低，果实易畸形。缺锰时可补充硫酸锰，土壤施肥用量为 1～2 kg/亩，叶面喷施浓度为 0.3％～04％的硫酸锰水溶液。

（五）桃、李、杏、樱桃病虫害防治

1. 桃李穿孔病

穿孔病是桃树上常见的叶部病害，包括细菌性穿孔病和真菌性穿孔病。其中细菌性穿孔病分布最广，易造成大量落叶，削弱树势，影响产量。穿孔病除危害桃树外，还能侵染李、杏、樱桃等多种核果类果树。

（1）症状（图 3-25）

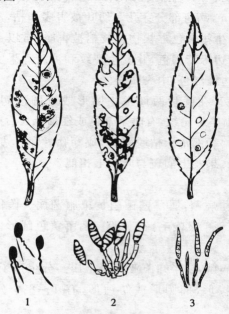

图 3-25　桃穿孔病
1. 细菌性穿孔　2. 霉斑穿孔　3. 褐斑穿孔

细菌性穿孔病：主要危害叶片，也能侵害果实和枝梢。叶片发病，初为水浸状小点，后扩大成圆形或不规则形病斑，紫褐色或黑褐色，直径 2 mm 左右。病斑周围水浸状并有黄绿色晕环，后病斑干枯，病部组织脱落形成穿孔。枝条受害，一种为春季溃疡，另一种为夏季溃疡。春季溃疡斑多出现在二年生的枝条上，在新叶出现时，枝条上形成暗褐色的小疱疹，直径 2 mm 左右，后可扩展 1～10 cm 长，有时可造成枯梢。夏季溃疡出现在当年的嫩枝上，以皮孔为中心形成褐色或紫黑色，圆形或椭圆形的凹陷病斑，边缘水浸状。夏季病斑多不扩展。果实发病，在果面上产生暗紫色，圆形略凹陷的病斑。天气潮湿时，病斑上出现黄白色黏状物，后期病斑龟裂。

霉斑穿孔病:叶片上病斑由黄绿色转为褐色,圆形或不规则形,直径 2～6 cm,病斑部分穿孔。幼叶被害多焦枯,不穿孔。潮湿时,病斑背面产生污白色霉状物。枝梢被害时,常以芽为中心形成长椭圆形病斑,边缘紫褐色,并发生裂纹和流胶。果实上病斑初为紫色,后变褐,边缘红色,中央凹陷。

褐斑穿孔病:在叶片两面发生圆形或近圆形病斑,直径 1～4 mm,边缘清晰略带轮纹,有时呈紫色或红褐色。后期病斑上长出灰褐色霉状物。病部常干枯脱落,形成穿孔。穿孔边缘整齐,穿孔严重时即落叶。果实上病斑与叶片上相似。

(2)病原

细菌性穿孔病菌,属薄壁菌门黄单胞菌属。菌体短杆状。两端圆,单极生 1～6 根鞭毛,有荚膜。菌落黄色圆形。革兰氏染色阴性。

霉斑穿孔病菌,属半知菌亚门刀孢属。分生孢子梗有分隔,暗色。分生孢子梭形,椭圆形或纺锤形,有 1～6 个分隔,稍弯,淡褐色。

褐斑穿孔病菌,属半知菌亚门假尾孢属真菌。分生孢子梗橄榄色,不分枝,直立或弯曲,无或有 1 个分隔。分生孢子鞭状、倒棍棒状或圆柱形,棕褐色,直立或微弯,3～12 个分隔。

(3)发病规律

细菌性穿孔病的病原细菌在枝条病组织内越冬,次年桃李树开花前后,病菌从病组织中溢出,借风雨或昆虫传播。病害一般在 5 月开始发生,6～7 月发展,夏季干旱时病势发展缓慢,秋季雨水多时病势又有所上升,10 月基本停止。潜育期的长短与温度及树势有关。温度 25～26 ℃潜育期 4～5 天,20 ℃时 9 天,19 ℃时 16 天;树势强时潜育期长达 40 天左右。一般在温暖、雨水频繁或多雾季节适宜病害发生,树势衰弱、排水通风不良及偏施氮肥的果园发病重,品种之间存在抗病性差异。病菌发育最适温度 24～28 ℃,

最高 37 ℃，最低 3 ℃。病菌在干燥条件下可存活 10～13 天，在枝干溃疡组织上可存活 1 年以上。

霉斑穿孔病和褐斑穿孔病菌以菌丝体和分生孢子在病枝梢或芽内越冬，第二年春季借风雨传播。低温多雨适合病害发生。霉斑穿孔病病菌发育温度 19～26 ℃，最低 5～6 ℃，最高 39～40 ℃。

（4）防治措施

加强果园管理。冬季结合修剪，彻底清除枯枝落叶，集中烧毁，减少越冬菌源。注意果园排水，增强通风透光性，降低湿度。增施有机肥料，使果树生长健壮，提高抗病力。避免核果类果树混栽。

喷药保护。果树发芽前，喷布 4～5 波美度石硫合剂、45％晶体石硫合剂 30 倍液、1∶1∶100 的波尔多液；芽后喷布 72％农用链霉素可溶性粉剂 3 000 倍液、硫酸链霉素 4 000 倍液、65％代森锌可湿性粉剂 500 倍液。

2. 桃李杏褐腐病

褐腐病又名菌核病、果腐病，可危害桃、李、杏、梅及樱桃等核果类果树。以浙江、山东沿海地区和长江流域发生最重，北方在多雨年份易流行。常引起花腐、叶腐、果腐，在采收后也可造成危害，严重时可损失 50％。

（1）症状

主要危害果实，花、叶和枝梢也可受害。果实在整个生育期均可被害，以近成熟期和储藏期受害重。染病初期果面产生褐色圆形病斑，病部果肉变褐腐烂，病斑扩展迅速，数日即可波及整个果面，病斑表面产生黄白色或灰褐色绒球状霉丛（即分生孢子梗和分生孢子），初呈同心轮纹状排列，后布满全果。后期病果全部腐烂，并失水干缩而形成僵果。花器染病，先侵染花瓣和柱头，初呈褐色水渍状斑点，渐蔓延到萼片和花柄上。天气潮湿时，病花迅速腐烂，表面产生灰色霉状物。若天气干燥，则病花干枯萎缩，残留在枝上经久不落。嫩叶染病,多从叶缘,产生暗褐色水渍状病斑,渐扩展到叶柄,全叶枯萎,如同时遭受霜害,病叶残留枝上经久不落。枝条染病,多系菌丝通过花梗、叶柄、果柄蔓延所致,产生边缘紫褐色,中央灰褐色,稍下陷的长圆形溃疡斑。初期溃疡斑常发生流胶现象,最后病斑环绕枝条一圈,病斑以上枝条枯死。

(2)病原

病原有三种:桃褐腐(链)核盘菌、果生(链)核盘菌、果产(链)核盘菌。有性态为子囊菌亚门链核盘菌属。无性态为半知菌亚门丛梗孢属。

病部产生的灰、褐色霉丛即病菌的分生孢子座,其上丛生大量分生孢子梗及分生孢子。分生孢子无色,单胞,柠檬形或卵形,串生于分生孢子梗上。子囊盘产生在落地的僵果(假菌核)上,漏斗状,紫褐色,直径 1 cm 左右。盘下有暗褐色的柄,柄的长度因埋土深浅而异,盘表生一层子囊。子囊圆筒形,内生 8 个子囊孢子。子囊间有侧丝。子囊孢子无色,单胞,椭圆形或卵圆形(图3-26)。

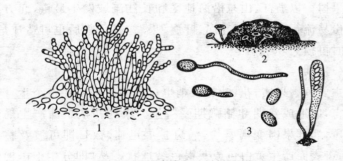

图 3-26 桃李杏褐腐病病原菌
1. 分生孢子梗及分生孢子 2. 子囊盘 3. 子囊、
子囊孢子及子囊孢子萌发

（3）发病规律

以菌丝体或假菌核（僵果）在树上或地面的僵果和病枝溃疡部越冬。翌春产生分生孢子，借风、雨和昆虫传播，从柱头、蜜腺、气孔、皮孔或伤口侵入，其中伤口侵入为主。从花期到果实成熟期均能侵染，若生长期条件适宜，病部分生孢子可进行再侵染。该病的发生与气候、栽培条件和品种等密切相关，其中雨水特别重要。花期如遇阴雨天气，易发生花腐；果实成熟时如多雨或多雾，病情严重；果实在储藏、运输过程中，如遇高温高湿病害也会加重，通常果表受病菌污染的，在 22～24 ℃，24 小时可发病，30 小时产孢，3 天就可烂掉；桃各品种中，凡是果皮薄、果肉柔软多汁的品种均易感病，反之，则抗褐腐病。另外，栽植过密、修剪不当、通风透光不良的桃园易发病。

（4）防治措施

①清除菌源。秋末冬初结合修剪，彻底清除园内树上的病枝、枯死枝、僵果和地面落果，集中烧毁或深埋，以减少初侵染源。

②加强栽培管理，提高树体抗病力。注意桃园的通风透光和排水，增施磷、钾肥；加强防治蛀果害虫，注意减少果面伤口，以防褐腐病菌侵染。栽植抗病品种。

③药剂防治。桃树发芽前一周喷 5 波美度石硫合剂或 45％晶体石硫合剂 30 倍液。花前、花后各喷药一次，常用的农药有 50％腐霉利可湿性粉剂 2 000 倍液、50％苯菌灵可湿性粉剂 1 500 倍液、50％乙霉威（多霉灵）可湿性粉剂 1 500 倍液、70％甲基硫菌灵可湿性粉剂 1 000 倍液等。发病严重的桃园，可间隔半个月喷一次，采收前 3 周停止喷药。

④加强储藏、运输期间的管理。桃果采收、储运时尽量避免造成伤口，减少病菌在储运期间的侵染。发现病果，及时捡出处理。药剂处理、低温（4 ℃）保鲜等。

3. 桃缩叶病

桃缩叶病主要危害桃、油桃、巴丹杏等。国内以春季潮湿的沿江河湖海等局部地区发生严重，内陆干旱地区很少发生。该病主要危害叶片，造成叶片肿胀皱缩，干枯早落，影响产量、品质和树势。

（1）症状

主要危害嫩叶片，也可危害嫩枝、花和幼果。春季嫩叶刚从芽鳞抽出时即表现症状，叶片卷曲变形，颜色变红。后随叶片生长，卷曲、皱缩程度剧增。叶片病部增大，变厚、变脆，呈红褐色。严重时全株叶片多数变形，嫩梢枯死。春末夏初，病叶表面生一层灰白色粉状物，即病菌子囊层。后病叶变褐，干枯脱落。

嫩枝染病，呈灰绿色或黄色，节间缩短，略为粗肿，病枝上常簇生卷缩的病叶，严重时病枝渐向下枯死。幼果染病，初生黄色或红色病斑，微隆起；随果实增大，渐变褐色；后期病果畸形，果面龟裂，易早期脱落。

（2）病原

畸形外囊菌，属子囊菌亚门外囊菌属。子囊在叶片角质层下成栅栏状排列，无色，圆筒形。子囊内含 8 个子囊孢子，子囊孢子无色、单胞，近球形或椭圆形（图 3-27）。

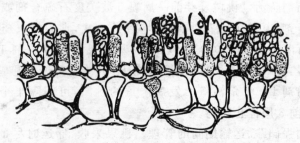

图 3-27　桃缩叶病病菌子囊层（子囊及子囊孢子）

（3）发病规律

以子囊孢子和厚壁芽孢子在芽鳞片上、鳞片缝隙里或枝干病皮中越冬或越夏。翌春越冬孢子萌发，产生芽管直接穿透叶片表皮或从气孔侵入，进行初侵染，叶片展开以前多从叶背侵入，展开后可从叶面侵入。侵入后的菌丝在叶组织内发展，并分泌多种生理活性物质，刺激寄主细胞异常分裂，使叶片畸形。5月为发病盛期，6月以后气温升至 20 ℃以上时病害停止发展。初夏，叶面形成子囊层，产生子囊孢子和芽孢子。由于夏季高温，不适孢子萌发，因此该病一年只侵染一次。

该病的发生、流行与气候条件有关。低温多湿利于发病，尤其是早春桃树萌芽展叶期，如连续降雨，气温 10～16 ℃，发病更重，气温上升到 21 ℃或较干燥地区发病轻。一般江河沿岸、湖畔及低洼潮湿地发病重，实生苗桃树比芽接桃树易发病，中、晚熟品种较早熟品种发病轻。

（4）防治措施

加强栽培管理。发病严重桃园应及时追肥、灌水，增强树势，提高抗病力。

清除菌源。在病叶表面还未形成白色粉状物前及早摘除，以减少当年菌源。

药剂防治。从桃芽开始膨大到露红期，细致喷药保护。常用杀菌剂有 1∶1∶100 波尔多液或 30％碱式硫酸铜（绿得保）悬浮剂 400～500 倍液、4～5 波美度石硫合剂、70％代森锰锌可湿性粉剂 500 倍液、50％甲基硫菌灵可湿性粉剂 600 倍液等喷雾。

4. 桃树侵染性流胶病

（1）症状

枝干：有皮孔流胶和伤口流胶两种类型。皮孔流胶初期出现以皮孔为中心的稍隆起的疤斑；随后疤斑逐渐扩大和隆起，大小不等（直径 5～13 mm，高 4～10 mm）；最后疤斑破裂，一般从疤斑中央溢出胶液,胶液初呈无色透明体,凝结后渐变红褐色。疤斑潮湿时触摸质感柔软,干燥时变硬。剖开疤斑,可见其皮层变褐坏死,皮层下充满黏稠胶液,木质部表面亦变褐色。伤口流胶主要指果实、枝干等出现虫口、裂口、机械伤口后,随即在伤口边缘出现流胶,胶液特征及其变化同皮孔流胶。

果实:由果核内分泌黄色胶质,溢出果面,病部硬化,有时龟裂。

植株:病重时全树衰弱,最后枯死。

(2)病原

茶藨葡萄座腔菌,属子囊菌亚门真菌。

形态:分生孢子器近球形,大小为(150～242)μm×(77～120)μm,分生孢子为单孢,无色,长椭圆形,大小为(13.5～27.2)μm×(4.0～10.2)μm;子座内的假囊壳扁圆形,大小为(170～300)μm×(150～250)μm,具假孔口,内产生很多棍棒形子囊,大小为(42～93.5)μm×(11.4～16.2)μm;子囊孢子单孢,无色,卵圆形,大小为(15.4～26.9)μm×(10.5～15.4)μm。在 PDA 培养基上培养,菌落呈扁圆形,绒毛状,颜色初呈白色,后变为灰色,4～5 天后转为黑色,PDA 培养基亦变为黑色。燕麦培养基,25.9℃,光照与黑暗条件各 12 小时交替培养,10 天后有分生孢子产生。在田间发病的枯枝上,有时可发现黑色炭质子实体,显微镜下检查切片,可见一个子座内混有多个分生孢子器或子囊腔。

特性:菌丝在 15～35 ℃范围内均能生长,以 25～35 ℃为适宜,4 ℃和 40 ℃不能正常生长。病菌对 pH 的适应范围较广,在 3～10 之间都可以生长,以 pH 5 和 6 生长最好。

(3)发生规律

病原以菌丝体和分生孢子器在被害枝干部越冬,第二年 3 月下旬至 4 月中旬产生分生孢子,借风雨传播,从皮孔、伤口侵入。

时期:一年中有两个发病高峰期,分别是 5 月下旬至 6 月上旬,8 月上旬至 9 月上旬。

品种:黄桃系统较白桃系统易感病。

气候因素:从 4 月份开始,只要有降雨过程就会释放孢子。

栽培因素:土质瘠薄,肥水不足,负载量大,均可诱发该病。

(4)防治措施

农业防治:选用抗病品种,如岗山早生、白花等,还要加强苗圃管理,培养健康无病桃苗。低洼积水地注意开沟排涝。增施有机肥及磷、钾肥,增强树势,提高树体抗病能力,控制树体负载量。结合冬剪,清除被害枝梢。

药剂防治:桃树萌芽前用抗菌剂 102 的 100 倍液涂刷病斑。开花前刮去胶块,用 50%退菌特可湿性粉剂 50 g 加 5%硫黄悬浮剂 250 g 混合涂抹。从 5～6 月份喷 50%多菌灵可湿性粉剂 800 倍液,或 50%混杀硫悬浮剂 500 倍液,或 50%苯菌灵可湿性粉剂 1 500 倍液,或 70%甲基硫菌灵可湿性粉剂 1 000 倍液。每 15 天喷一次,连续 3～4 次。

5. 桃树非侵染性流胶病

桃树非侵染性流胶病是一种生理性病害,各桃产区均有发生。植株流胶过多,会严重削弱树势,重者会引起死枝、死树,是很值得注意的问题。

(1)症状

枝干:主干和主枝受害初期,病部稍肿胀,早春树液开始流动时,从病部流出半透明黄色树胶,尤其雨后流胶现象更为严重。流出的树胶与空气接触后,变为红褐色,呈胶冻状,干燥后变为红褐色至茶褐色的坚硬胶块。病部易被腐生菌侵染,使皮层和木质部变褐腐烂,严重时枝干或全株枯死。

叶片:叶片变黄、变小。

果实:由果核内分泌黄色胶质,溢出果面,病部硬化,严重时龟裂,不能生长发育,无食用价值。

病理解剖病枝皮层细胞之间胶化是组织明显的病变。在初生木质部则形成胶腔,胶腔内的游离细胞不含淀粉。由于酶的作用,胞间膜及细胞内含物溶解。寄主组织形成胶物质,它是次生现象。

(2)病原

发病原因各种观点不同。一是认为由于寄生性真菌及细菌的危害,如干腐病、腐烂病、炭疽病、疮痂病、细菌性穿孔病和真菌性穿孔病等;二是认为是一种生理性病害,为非侵染性流胶病。

(3)发生规律

环境因素:一般在4～10月,雨季、特别是长期干旱后偶降暴雨,流胶病严重。

寄主抗性:树龄大的桃树流胶严重。

栽培因素:各种原因造成的伤口多,或修剪量过大,造成根冠失调都易发病;桃树嫁接在杏树砧木上病重,用矮化砧比乔化砧流胶病重,嫁接部位高的比嫁接部位低的重;栽植过深、土壤板结、土壤偏碱、地势低洼、病虫危害重、施肥不当、负载量过大、枝条不充实都易引发流胶病。

(4)防治措施

农业防治:栽植时宜选择地势较高、排水良好的沙壤土,土壤黏重的要深翻加沙改土,增加土壤透气性和有机质含量。冬春枝干涂白,防冻害和日灼。春季对于主干上的萌芽要及时掰除,防止修剪时造成的伤口引起流胶。6月份以后至落叶前,不要疏枝,以免流胶。

药剂防治:发芽前喷5波美度石硫合剂。冬剪后对于大的伤口要及时涂抹杀菌剂,如843康复剂、腐必清等。因土壤黏重引起的流胶应用免深耕,土壤调理剂每公顷每次4 500 g对水1 500 kg地面喷洒,全年2～3次。发现流胶应及时刮除胶块,并把刮下的胶体清扫干净,集中深埋或烧毁,然后涂药 50％退菌特可湿性粉剂与 50％硫悬浮剂的 1∶5 混合液,或 50％退菌特可湿性粉剂和乳胶1∶10 混合液,或桃树梳理剂 25～50 倍液,或 30％腐烂敌与 50％FA 旱地龙混合液,或 80％乙蒜素 1 500 倍液。

6. 桃实腐病

桃实腐病又名桃实烂顶病、桃腐败病,是桃的一种常见病害,主要危害桃果实,影响桃产量和质量。

（1）症状

桃果实自顶部开始表现为褐色,并伴有水渍状,后迅速扩展,边缘变为褐色。感病部位的果肉也为黑色,且变软、有发酵味。感染初期病果看不到菌丝,后期果实常失水干缩形成僵果,表面布满浓密的灰白色菌丝。

（2）病原

扁桃拟茎点菌,属半知菌亚门真菌。

形态:菌丝体为灰白色,生长后期的老化菌丝则为黑色。分生孢子器为圆锥形,大小 232～435 μm,病原的分生孢子梗不分枝,大小（9.8～32.2）μm×（1.1～3.1）μm。

寄主:桃树、板栗、茄子、番茄等。

（3）发生规律

越冬:病原以分生孢子器在僵果或落果中越冬。

侵染:春天产生分生孢子,借风雨传播,侵染果实。果实近成熟时,病情加重。桃园密闭不透风、树势弱发病重。

（4）防治措施

农业防治:注意桃园通风透光,增施有机肥,控制树体负载量。捡除园内病僵果及落地果,集中深埋或烧毁。

药剂防治:发病初期喷洒 50％速克灵可湿性粉剂 2 000 倍液、50％苯菌灵可湿性粉剂 1 500 倍液、50％多菌灵可湿性粉剂 700～800 倍液或 70％甲基硫菌灵可湿性粉剂 1 000～1 200 倍液。每 15

天用药一次,共用 2~3 次。

7. 大樱桃根癌病

(1)症状

主要侵染植株的根部、根颈部甚至根颈的上部,受害部位会形成大小不一的肿块,早期树上叶片表现为瘦小、发红,生长极为缓慢。发病初期,病部多形成灰色球状物,表面粗糙,内部组织柔软;后期病部木质化,质地变硬,并逐渐龟裂。被害树木输导组织受到影响,引起生长衰弱,造成死亡。

(2)病原

根癌病是由根癌土壤杆菌引起的细菌性病害,病原菌寄主范围广。

(3)发生规律

根癌细菌在瘤状组织中越冬,当癌瘤外层破裂后,细菌被雨水和灌溉水冲下,进入土壤,通过雨水、灌溉、修剪及昆虫传播。苗木带病是根癌病发生的直接因素。地下害虫在病害传播中也有一定的作用。

大樱桃适于土层深厚、土质疏松、通气良好的沙壤土或壤土,耐碱能力较差,适宜的土壤 pH 为 6~7.5,种植在沙土、壤土、中性或微酸性土壤中的树发病较轻,黏土或排水不良的碱性土果园发病重;在连续使用多年的苗圃地育苗时,根癌病发生率明显增加;其次苗木嫁接口、冻害伤口、追肥翻地造成的伤口、地下害虫危害的伤口,都会引起病菌侵染;果园管理不善,造成树体生长衰弱也可能诱发根癌病。

(4)防治措施

①选择土壤通气性好、排灌条件良好、前茬未种植核果类果树或同种果树的地块建园。提倡高畦栽培,即在垄背栽植果树,以减轻根部病害的发生。

②选用抗病砧木。砧木是苗木的基础,对大樱桃的长势、寿

命、产量、品质有直接影响。国内目前用作樱桃的砧木有中国樱桃、大青叶、莱阳矮樱桃、山樱桃、马哈利、考特、吉塞拉等,以上砧木均可感染根癌病,但中国樱桃和马哈利染病较轻。

③建园时对选用的苗木要进行严格检查和消毒。苗木栽植时,用"根癌灵"蘸根,或用1‰硫酸铜液浸根5分钟,再在2％石灰水中浸根1分钟,可明显降低新建园的发病率。

④增施有机肥,耕翻果园土壤,增加土壤的透气性,特别是在雨后,樱桃园要及时排除积水,以免伤根。扩盘松土是减少根部病害的最有效方法。

⑤发现病株后,及时挖开土壤,剪除感病组织,然后用石硫合剂涂抹消毒,并用多菌灵100倍液灌根。

8. 大樱桃流胶病

(1)症状

病菌不止侵染大樱桃的枝干,流胶也只是症状的一种。侵染叶片后产生叶斑。叶斑脱落形成不规则穿孔。侵染幼果可使果面形成凹陷斑。侵染芽会导致芽蔟死亡。最常见的枝干染病后形成溃疡,有时出现流胶。

(2)病原

据美国康乃尔大学和纽约州立农业实验站的研究,大樱桃流胶病的致病菌主要有两种,一种叫丁香假单胞菌,另一种叫核果树细菌性溃疡病菌。二者皆为植物附生陛细菌类病原菌。据研究,该致病菌喜冷凉气候,试验发现在6℃的低温下即可进行侵染。在12～21℃时为侵染盛期。雨水可使病源物迅速散布到易感组织,如气孔、冻害部位等。露水、降雨及灌溉等形成的露滴和湿度是该植物附生性致病菌繁殖的必要条件。在大多数情况下,枝干等被侵染产生的溃疡部位还会被另一种次生的半知菌亚门壳囊胞属的苹果腐烂病菌,再次侵染。因此大樱桃流胶病的发病菌类复杂,既有真菌又有细菌,相互交织,使防治难度加大,这也是目前该病难于根治的主要原因所在。

（3）发病规律

越冬代细菌潜伏于发病的枝干溃疡部组织、被侵染的叶、芽及杂草中。主要通过叶脱落后产生的叶痕、气孔及伤口处侵入。红颈天牛、桑白蚧等危害枝干造成的伤口、冻害、日灼伤及机械损伤、修剪造成的伤口等都是侵入部位。晚秋和冬季开始侵染。早春形成溃疡组织。树体在夏季时对溃疡的产生有抑制作用，大多数的致病细菌在夏季死亡或随溃疡组织脱落被侵染的枝干在夏秋季有流胶现象，可能与苹果腐烂病菌的再侵染有关，需进一步证实。

（4）防治措施

该病的防治主要侧重于越冬阶段和细菌散布、侵染两个阶段。

①园址的选择。不宜选择酸性土和沙土地建大樱桃园。这两类土容易造成树体营养失衡。不宜选择积涝和干旱缺水的地块；不宜选种过樱桃或距离野生樱桃属植物近的地点建园。

②品种和砧木的选择。不同品种对该病的敏感性不同。

③果园管理。一些阔叶类杂草可能是病菌的窝藏地，因此注意清除这类杂草。整形修剪过程中注意加大分枝基角，往往看到因分枝基角过小造成劈裂，病菌侵染后发生流胶的现象。另外秋末冬初进行树干涂白，以预防冬季冻害的发生。

④药剂防治。该病属细菌性病原，因此有效地防治药剂为铜制剂和农用链霉素，在秋季落叶和早春休眠期喷铜制剂和农用链霉素 3 遍以减少和避免初次侵染，二者均作为保护剂使用，铜制剂的残效期更长，另外石硫合剂作为铲除剂对真菌和细菌均有效，在休眠期对地面和树体进行全面覆盖，不但可杀死各种病菌，还可杀死害虫。

桃李杏其他病害见表 3-7。

表 3-7　桃、李、杏其他病害

病害名称	症状特点	发病规律	防治要点
桃黑星病	果实发病,病斑限于表层,1~2 mm大小,后呈疮痂状。叶片受害,病斑小,可形成穿孔	以菌丝体在枝梢病组织中越冬。病菌潜伏侵染。南方5~6月危害重;北方6月开始发病,7~8月危害重	清洁田园;壮树抗病;发芽前喷铲除剂灭菌。生长期喷氟硅唑、多菌灵等
李红点病	叶片上病斑近圆形,橙红色,稍隆起,表面散生深红色小粒点。果实也受害	病菌在落叶上越冬,展叶后发病,雨季病害盛发	清除落叶深埋或烧毁。展叶后喷代森锰锌、氟硅唑等

9. 桃潜叶蛾

桃潜叶蛾又名桃线潜蛾,简称桃潜蛾,属鳞翅目潜叶蛾科。国内桃栽培区分布普遍。主要危害桃,也危害杏、李、樱桃等。被害植物叶片上形成较细的弯曲虫道,受害严重时可造成早期落叶。

(1)形态特征

夏型成虫银白色,体长3 mm,体型细小。前翅狭长,端部有黄、黑色斑纹。后翅尖细,灰褐色。前、后翅均有灰色长缘毛(图3-28)。卵扁椭圆形,无色透明,大小0.33 mm×0.26 mm。冬型成虫黄褐色。幼虫体长约6 mm,淡绿色,胸足黑褐色,腹足极小。茧白色,吊床状,两端用丝连缀于叶背或树皮处。

(2)发生规律

在北方每年5~7代,以成虫在落叶、杂草、石块下和翘皮下等处越冬。越冬成虫在桃芽萌发后开始出蛰,展叶后开始产卵,卵散产于叶背表皮内,叶表形成微隆起的小卵包。幼虫潜食危害成弯曲隧道,粪便排在其中,被害叶内常有数头幼虫危害,致使叶片枯

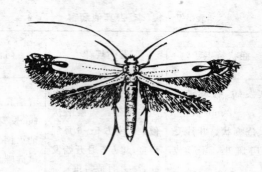

图 3-28　桃潜叶蛾成虫

黄而脱落。幼虫老熟后脱叶,吐丝下垂,多在叶背吐丝搭架结茧,在茧内化蛹。5月出现第一代成虫,发生比较整齐,以后大约每月发生一代,但世代重叠。7～8月是危害盛期,10月开始出现越冬代成虫。

（3）防治措施

①减少越冬虫源。秋、冬季彻底清除落叶和杂草,集中烧毁,消灭越冬成虫。

②诱杀成虫。生长季用性诱剂诱杀。

③药剂防治。在5～6月成虫高峰期(性诱剂测报或田间初见被害状)用药,药剂可用25％灭幼脲悬浮剂2 000倍液、20％杀铃脲悬浮剂8 000倍液、20％氰戊菊酯乳油2 000倍液、50％敌敌畏乳油1 000～1 500倍液、2.5％溴氰菊酯乳油3 000倍液等。

10. 桃蛀螟

桃蛀螟又名桃蛀野螟、桃斑螟、桃蠹螟、豹纹斑螟等,属鳞翅目螟蛾科。寄主有桃、李、杏、樱桃、梅、山楂、苹果、梨、石榴、柿、栗、柑橘、枇杷、龙眼、荔枝、芒果、菠萝、高粱、玉米、向日葵等。幼虫蛀食果和种子,被害果内外排积粪便,有丝连接。被害果常腐烂、早落。

(1)形态特征

成虫体长 10 mm,全体橙黄色,体、翅表面具许多黑斑——豹纹状。卵椭圆形,0.6 mm×0.4 mm,表面粗糙有网状纹,初乳白色,渐变橘黄、红褐色。幼虫体长 22 mm,多暗红色。头暗褐,前胸盾褐色。各体节毛片明显。中胸及 1～8 腹节背部各具 6 个毛片,排成 2 行,前 4 后 2,前宽后窄。腹足趾钩 2～3 序缺环,无臀栉。蛹长 13 mm,初淡黄绿后变褐色,臀棘细长,末端有曲刺 6 根。茧长椭圆形,灰白色(图 3-29)。

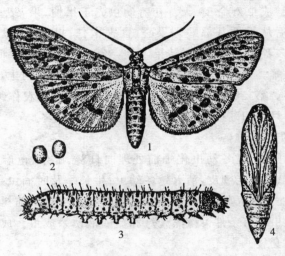

图 3-29　桃蛀螟

1. 成虫　2. 卵　3. 幼虫　4. 蛹

(2)发生规律

北方一年 2～3 代,长江流域 4～5 代,均以老熟幼虫于粗皮缝中、玉米、向日葵、蓖麻等残株内结茧越冬。北方 4 月下旬至 5 月化蛹,蛹期 20～30 天,各代成虫发生期:越冬代 5 月下旬至 6 月上旬(一代卵盛期),6 月下旬为一代幼虫危害盛期;第一代 7 月下旬至 8

月上旬,8月上中旬为二代幼虫危害高峰;第二代8月下旬至9月下旬。武昌各代成虫盛发期:越冬代5月中下旬,第一代6月下旬至7月上旬,第二代8月上中旬,第三代9月上中旬,第四代9月中下旬至10月上旬,世代重叠严重。卵期7~8天,非越冬幼虫期20~30天,一、二代蛹期10天左右。

成虫昼伏夜出,对黑光灯和糖酒醋液趋性较强,喜食花蜜和吸食成熟的葡萄、桃的果汁。喜于枝叶茂密处的果上或果实相互紧靠处产卵,每果2~3粒,多者20余粒。每雌可产卵数十粒。产卵前期3天,成虫寿命10天。初孵幼虫先于果梗、果蒂基部吐丝蛀食、脱皮后从果梗基部蛀入果心,食害嫩仁、果肉,一般一果内有1~2头,多者8~9头。有转果习性,老熟后于果内、果间、果台等处结茧化蛹。第一代卵主要产在桃、杏等核果类果树上,早熟品种落卵较多。第二、三代卵多产于梨、柿、栗、石榴和农作物上,幼虫危害至9月下旬陆续老熟,寻找适当处所结茧越冬。

(3)防治措施

人工防治:越冬幼虫化蛹前处理向日葵、玉米、蓖麻等寄主植物的残体;刮除老翘皮,消灭越冬幼虫;生长季及时摘虫果、清理落果,集中处理消灭其中的幼虫和蛹;果树在幼虫越冬前树干束草诱集越冬幼虫。有条件可设黑光灯和糖醋液诱杀成虫。成虫产卵前进行果实套袋。

药剂防治:应在卵盛期至孵化初期施药,杀卵和初孵幼虫,药剂有50%辛硫磷乳油1 000倍液、20%氰戊菊酯乳油2 500~3 000倍液、2.5%溴氰菊酯乳油3 000~4 000倍液、80%敌敌畏乳油1 500~2 000倍液等。

11. 桃红颈天牛

桃红颈天牛又名铁炮虫、哈虫,属鞘翅目天牛科。为核果类果树桃、杏、李、梅、樱桃的重要枝干害虫,以幼虫蛀食主干、主枝的皮层与木质部,隔一定距离向外蛀一排粪孔,被害部的蛀孔外有大堆虫粪,可致树势衰弱或枯死。

(1)形态特征

成虫体长 28～37 mm,体黑蓝,有光泽,触角丝状,超过体长,前胸中部棕红色或全黑,背面具瘤状突起 4 个,侧刺突端尖锐。鞘翅基部宽于胸部,后端略狭,表面光滑。卵长椭圆形,乳白色,长1.8 mm。幼虫体长 42～50 mm,黄白色。前胸背板宽长方形,前缘黄褐色,中间色淡,有 3 条纵纹。蛹长 26～36 mm,淡黄白色,羽化前黑色(图 3-30)。

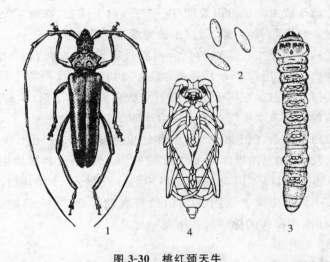

图 3-30　桃红颈天牛

1. 成虫　2. 卵　3. 幼虫　4. 成虫前胸背板

(2)发生规律

在华北地区 2～3 年一代,四川盆地 1 年一代。以各龄幼虫在蛀道内越冬。寄主萌芽后开始危害。成虫于 5～8 月发生,南方早,北方晚。羽化后成虫在蛀道中停留 3～5 天,多于雨后晴天10～15 时在树干和枝条活动、栖息。卵多产在距地面 1.2 m 内的主干、主枝的皮缝中,其中 35 cm 以内树干上着卵居多。老树皮粗糙缝多时产卵多被害重,幼树及光皮品种被害轻。每雌产卵量平均 170 粒,卵期 7～9 天。孵化后蛀入皮层,随虫体增长逐渐蛀入皮下韧皮部与木质部之间危害,长到 30 mm 以后才蛀入木质部危害,多由上向下蛀食成弯曲的隧道,隔一定距离向外蛀一通气排粪孔;有的可蛀到主根分叉处,深达 35 cm 左右。幼虫经过两三个冬天老熟,在蛀道末端先蛀羽化孔但不咬穿,用分泌物黏结木屑做室化蛹。幼虫期 23～35 个月,蛹期 17～30 天。

(3)防治措施

①捕杀成虫。成虫出现期(6～7 月)白天捕捉,在雨后晴天较易捕捉。或用蘸有糖、醋、敌百虫的海绵球诱杀成虫。

②钩杀小幼虫。幼虫孵化后检查枝干,发现排粪孔可用铁丝钩杀幼虫,也可用 80％敌敌畏乳油 15～20 倍液涂抹排粪孔。

③树干涂白。在树干上涂刷石灰硫黄混合涂白剂(生石灰 10份∶硫黄 1 份∶水 40 份)防止成虫产卵。

④药剂熏杀。在成虫产卵期和幼虫孵化期,枝干上喷布 50％杀螟松乳油、50％西维因可湿性粉剂 800 倍液,杀灭初孵幼虫。幼虫蛀入木质部以后,用 56％磷化铝片剂分成 6～8 小粒,每粒塞入一虫孔中封口熏杀。或用 50％敌敌畏乳油等 20～30 倍液,每孔5 mL(注或用浸药的棉球),并用泥等封口。

12. 朝鲜球坚蚧

朝鲜球坚蚧又名桃球蚧、杏毛球蚧等,属同翅目蜡蚧科。主要危害桃、李、杏、梅、樱桃,以成虫、若虫固着在枝干上吸食汁液。被害枝条上常介壳累累,造成树势衰弱。

(1)形态特征

雌成虫介壳近球形,后端直截。直径 3～5 mm,红褐色至黑褐色,体背有 3～4 列纵向的凹陷刻点,并被覆薄的蜡粉。雄成虫体长约 2 mm,有发达的足及一对前翅,翅脉简单呈半透明,腹末有一对长约 1 mm 的白色蜡质长毛。雄介壳长 1.8 mm,长椭圆形,灰白色。卵椭圆形,粉红色,附着一层白色蜡粉(图 3-31)。

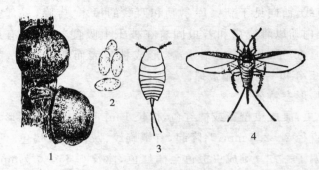

图 3-31　朝鲜球坚蚧
1. 介壳　2. 卵　3. 若虫　4. 雄成虫

(2)发生规律

一年发生 1 代,以 2 龄若虫固着在枝条上越冬。在辽宁,若虫
3 月下旬至 4 月上旬开始活动,并寻找枝条的适当部位固定危害。
4 月底至 5 月上旬雄成虫羽化。交尾后雌成虫体迅速膨大、硬化,
5 月中下旬开始产卵于母体下面,平均每雌产卵 1 000 粒左右。卵
期 7 天,6 月中下旬为若虫孵化盛期,若虫分散在枝条裂缝处、当年
生枝条基部、叶片及果实上危害。10 月中旬越冬。主要天敌有黑
缘红瓢虫、红点唇瓢虫及多种小蜂等。

(3)防治措施

药剂防治:早春果树发芽前,喷 5 波美度石硫合剂或 5% 柴油
乳剂,要求喷布均匀周到;6 月中下旬若虫孵化期喷 80% 敌敌畏乳
油 1 500~2 000 倍液或 0.2~0.3 波美度石硫合剂。

人工防治:剪、刮、刷消灭若成虫。

13. 桑白蚧

桑白蚧又名桑白盾蚧、桑介壳虫、桃介壳虫、桑盾蚧,属同翅目
盾蚧科。能够危害桃、李、杏、樱桃、苹果、梨、葡萄、核桃、梅、柿、枇

杷、醋栗、柑橘、桑等。国内所有省、区均有发生,北、南、东向均靠近国境线,西向见于新疆库尔勒和西藏的樟木、吉隆,局部密度很高。桑白蚧以雌成虫和若虫固着在枝干上吸食养分,偶有果实和叶片的。严重时介壳密集重叠,形成枝条表而凹凸不平,削弱树势,3～5年可将全果园毁掉。

(1)形态特征

成虫:雌成虫橙黄或橘红色,体长1 mm左右,宽卵圆形。介壳圆形,直径2～2.5 mm,略隆起,有螺旋纹,灰白至灰褐色。壳点黄褐色,偏于一方。雄成虫橙色至橘红色,体长0.65～0.7 mm,翅展约1.3 mm,体略呈长纺锤形。介壳长约1 mm,细长白色。壳点橙黄色,位于壳的前端。

卵:椭圆形,初产淡粉红色,渐变淡黄褐色,孵化前为橘红色。

幼虫:初孵化若虫淡黄褐色,扁卵圆形,体长0.3 mm左右,分泌绵毛状物遮盖身体,蜕皮之后开始分泌蜡质物,形成介壳,蜕皮覆于壳上,称壳点。

蛹:仅雄虫有蛹。橙黄色,长椭圆形。

(2)发生规律

发生世代:广东一年发生5代,浙江3代,北方2代。

越冬及初次虫源:二代区以第二代受精雌虫于枝条上越冬。

(3)防治措施

果树休眠期用硬毛刷,或钢丝刷,刷掉枝条上的越冬雌虫,剪除受害严重的枝条。之后喷5%矿物油热雾剂或机油热雾剂。保护利用天敌。若虫分散转移期药剂防治,喷80%敌敌畏乳油1 000倍液,或25%溴氰菊酯乳油3 000倍液,或20%杀灭菊酯乳油2 000倍液。在介壳形成后,可以喷40%杀扑磷600倍液。

14. 桃蚜

桃蚜又名烟蚜、桃赤蚜、菜蚜、腻虫,同翅目蚜科,分布十分普遍。已知寄主达352种,危害桃树、李树、杏树等。国内广泛分布,局部地区密度颇高。成、若虫群集芽、叶、嫩梢上刺吸汁液,被害叶向背面不规则的卷曲皱缩,排泄蜜露诱致煤污病发生或传播病毒病。

(1)形态特征

成虫:有翅胎生雌蚜体长约 2 mm,头、胸部黑色,腹部淡暗绿色。背面中央有一淡黑色大斑块,两侧有小斑。额瘤内倾。无翅胎生雌蚜体长约 2 mm,体色淡,绿色至樱红色。

卵:长椭圆形,长 0.7 mm,初淡绿后变黑色。

若蚜:若蚜似无翅胎生雌蚜,淡粉红色,仅体较小。有翅若蚜胸部发达,具翅芽。

(2)发生规律

世代:在北方每年发生 10 余代,在南方 30～40 代。

越冬:以卵于桃、杏、樱桃等越冬寄主枝条的芽旁、裂缝等处越冬。

时期:危害发芽时,卵孵化为干母,约于 3 月下旬至 4 月旬中孵化,5 月初繁殖最盛危害严重,并开始产生有翅蚜。5 月中旬以后在越冬寄主上基本绝迹,10 月产生有翅蚜陆续迁回越冬寄主,继续危害繁殖,产生有性蚜交尾产卵,以卵越冬。群集芽上危害,展叶后迁移到叶背和嫩梢上危害,并可以产生有翅胎生雌蚜迁飞扩散。对黄色有强烈的趋性,而对银灰色有负趋性。

(3)防治措施

物理防治:悬挂银灰色塑料薄,或采用黄板诱杀有翅蚜。

生物防治:保护和利用天敌,如瓢虫、草蛉、食蚜蝇等。

药剂防治:每公顷 50% 高渗抗蚜威可湿性粉剂 2 500 倍液,或 5% 啶虫脒高氯乳油 525～675 mL 配成 2 000 倍液,或 3% 啶虫脒乳油 525 mL 配成 1 500 倍液,或 50% 抗蚜威可湿性粉剂 2 000 倍液,或 50% 抗蚜威可湿性粉剂 2 000 倍液。

15. 绿盲蝽

绿盲蝽又名绿蝽象、小臭虫,半翅目,盲蝽科,杂食性刺吸式害虫。近几年大樱桃产区发生日趋严重,是大樱桃生长前期重要防治对象。绿盲蝽除危害大樱桃外还危害枣、葡萄、苹果等果树,尤其在枣和葡萄上发生更为严重。

（1）症状

该虫以成虫、若虫叮食嫩芽、幼叶和幼果,造成叶片穿孔,形成网状、丛生、疯头或畸形果。嫩芽受害,引起枝叶不展、皱缩或疯头。幼叶受害先呈针刺状。后形成许多不规则孔洞,叶缘残缺不全。幼果受害,被刺处表皮木栓化,发育停止,果实畸形,呈现锈斑或硬疔,失去经济价值。

（2）形态特征

成虫体长 5 mm 左右,绿色,头呈三角形。复眼突出,黑色。前翅绿色,膜质部分暗灰色。卵长袋状,长约 1 mm,黄绿色。若虫绿色,体形与成虫相近。

（3）发生规律

该虫每年发生 3～5 代,以卵在大樱桃顶芽鳞片内、断枝以及杂草组织内越冬。次年 4 月上旬开始孵化,中旬达到高峰。若虫先在地边杂草上取食,待大樱桃展叶后,逐渐转移到大樱桃上危害。绿盲蝽活动敏捷。受惊后躲避迅速,不易发现,并有趋嫩趋湿习性,无嫩梢幼果时则转移到其他作物上继续危害。绿盲蝽在大樱桃上主要发生在春季生长前期,待大樱桃采收枝叶老化后基本不再形成危害。

（4）防治方法

绿盲蝽防治应抓好以下两个环节:首先,结合冬春管理,及时清除田间、地边杂草。消灭越冬虫源,切断其食物链条;其次,搞好药剂防治。在大樱桃园构成危害的主要是一代成若虫,虫害发生时正值大樱桃长梢、展叶和幼果期,所以药剂防治重点应放在一代上,重点保叶、保果。最佳防治时期为 4 月中下旬,即大樱桃开始长梢、展叶后,如有发生,应立即喷药防治。药剂应选用具有强烈触杀或内吸性的高效低毒杀虫剂,如菊酯类或新烟碱类。较好的药剂有:1%苦参碱可溶性液剂蚜虫专用 1 200～1 500 倍液,或4.5%高效氯氰菊酯 2 000～3 000 倍液,或 2.5%联苯菊酯 2 000～3 000 倍液,或 3%啶虫脒 2 000～2 500 倍液,或 10%吡虫啉 3 000～4 000 倍液,或 10%烯啶虫胺 4 000～5 000 倍。喷药时间最好在每天10 时以前,喷药要细致周到,喷匀,喷透,重点部位为新梢和新叶。发生严重的园区,在第一次喷药后,最好间隔 7 天再喷一次,连喷 2 次,效果更好。

桃李杏其他害虫见表 3-8。

表 3-8　桃、李、杏其他害虫

害虫种类	识别要点	生活史与习性	防治要点
李小食心虫	成虫体、前翅灰色,前翅前缘有 18 组不太明显的白色短斜纹,翅面密布小白点。卵圆形,扁平稍隆起。老熟幼虫体长约 12 mm,桃红色,腹足趾钩为不规则双序全环。臀栉 5～7 齿	危害李、桃、樱桃等。北方大部分地区一年 2～3 代。以老熟幼虫在树干周围土层 0.5～5 cm 深越冬,少数在杂草下及皮缝中越冬。成虫有趋光和趋化性。卵多散产于果面上	在树干周围培土埋压羽化成虫;地面防治喷辛硫磷或敌敌畏;树上喷药杀卵及初孵幼虫

五、草莓、山楂营养失调诊断及病虫害防治

(一)草莓营养失调症状诊断

1. 氮素失调

草莓缺氮症表现为叶片小,幼叶呈淡绿色,成熟叶呈锯齿状红

色,叶柄细并显现红褐色,如果再遇到土壤干旱,叶片可出现红褐色斑块;果实小,常带有纵沟。草莓氮过多时,叶色深绿;匍匐茎抽生多;开花结果受阻,果实畸形,常呈中间大、两头尖的梭形果,果实不易显现红色,着色不良,果实基部往往残留部分不转色区,无甜味,影响产量和品质。严重时由下部叶片的边缘开始变褐干枯;根部除少量外其余全部死亡。

2. 磷素失调

草莓缺磷时,植株生长弱,发育缓慢,叶色带有青铜暗绿色,缺磷的最初表现为叶子深绿,比正常叶小;缺磷严重时,有些品种的上部叶片外观呈黑色,具光泽,下部叶片的特征为淡红色至紫色,近叶缘的叶面上呈现紫褐色的斑点。较老叶龄的上部叶片也有这种特征。缺磷植株的花和果比正常植株要小,有的果实偶尔有白化现象。根部生长正常,但根量少,颜色较深。缺磷草莓的顶端受阻,明显比根部发育慢。

3. 钾素失调

草莓缺钾首先表现在老叶上,老叶的叶脉间产生褐色小斑点,叶缘表现烧焦状干边。光照会加重叶子灼伤,缺钾易与“日烧”相混淆。灼伤的叶片其叶柄常发展成浅棕色到暗棕色,有轻度损害,以后逐渐凋萎。缺钾草莓的果实颜色浅,质地柔软,没有味道。根系一般正常,但颜色暗。轻度缺钾可自然恢复。

4. 钙素失调

草莓缺钙最典型的是叶焦病,硬果,根尖生长受阻和生长点受害。叶焦病在叶子加速生长期频繁出现,其特征是叶片皱缩,有淡绿色或淡黄色的界限,叶子褪绿,下部叶子也发生皱缩,顶端不能充分展开,变成黑色。在病叶叶柄的棕色斑点上还会流出糖浆状水珠。缺钙浆果表面有密集的种子覆盖,未展开的果实上种子可布满整个果面,果实组织变硬、味酸。缺钙草莓的根短粗、色暗,以后呈淡黑褐色、干枯。土壤酸化,保护地使用时间长,又没有施用石灰容易出现缺钙。在土壤钙素丰富的条件下,如果土壤干燥,土壤溶液浓度大。施用铵态氮肥过多,草莓也易发生缺钙症。因此,适时灌水,保证水分供应,避免土壤酸化是防治草莓缺钙的有效措施。

5. 镁素失调

草莓成熟叶片缺镁时,最初上部叶片的边缘黄化及变褐焦枯,进而叶脉间褪绿并出现暗褐色的斑点,部分斑点发展为坏死斑,形成有黄白色污斑的叶子。枯焦加重时,基部叶片呈淡绿色并肿起。枯焦现象随着叶龄增长和缺镁加重而发展。幼嫩的新叶通常不显示症状。缺镁植株的浆果通常比正常果红色较淡,质地较软,有白化现象。

6. 硫素失调

缺硫与缺氮症状差别很小。缺硫时叶片均匀的由绿色转为淡绿色,最终成为黄色。缺氮时,较老的叶片和叶柄发展为呈微黄色的特征,而较小的叶片实际上随着缺氮的加强而逐渐呈现淡绿色。相反,缺硫植株的所有叶子都趋向于一直保持黄色。缺硫的草莓浆果有所减少,其他无影响。

7. 硼素失调

草莓缺硼先是在幼嫩的叶片上出现皱缩,叶片边缘黄化,并逐渐枯死,生长点受伤害,分枝增多,新叶畸形,根系少而短。严重时还可表现在老叶上,叶脉间失绿,叶片上卷,结实率低,果实畸形,果面不平整。种子多,有的果顶与萼片之间露出白色果肉,果实品质差,严重影响产量。草莓硼过剩下部叶片发黑无光泽、叶缘变褐。

8. 锌素失调

草莓缺锌时叶片变窄长,但不发生坏死现象,叶龄大的叶片常表面发红;严重缺锌时,新叶黄化,叶片边缘有明显的黄色或淡绿色的锯齿边。缺锌植株纤维状根多且较长。果实一般发育正常,但结果量少,果个变小。草莓锌过剩时叶脉紫红,同缺钾症相似。

9. 铁素失调

草莓缺铁症表现在新叶上,新叶叶肉黄化,没有光泽,但叶脉及脉的边缘仍为绿色,叶片小而薄;缺铁严重时叶脉间变成白色,叶脉淡绿色。草莓缺铁在用营养液栽培的无土栽培上发生得较多,在沙土上栽培草莓也容易发生缺铁症,施用石灰过多,土壤呈碱性反应及土壤干旱均能加重土壤缺铁。

10. 锰素失调

缺锰的初期症状是新发出的叶子黄化。缺锰进一步发展,则叶片变黄,有清楚的网状叶脉和小圆点,这是缺锰的独特症状。缺锰加重时,主要叶脉保持暗绿色,而在叶脉之间变成黄色,有灼伤,叶片边缘向上卷。缺锰植株的果实较小,但对品质无影响。

11. 铜素失调

草莓缺铜的早期症状是未成熟的幼叶均匀的呈淡绿色,不久叶脉之间的绿色变得很浅,而叶脉仍具明显的绿色,逐渐在叶脉和叶脉之间有一个宽的绿色边界,但其余部分都变成白色,出现花白斑,这是草莓缺铜的典型症状。缺铜对草莓根系和果实不显示症状。

12. 钼素失调

草莓初期的缺钼症状与缺硫相似,不管是幼龄叶或成熟叶片最终都表现为黄化。随着缺钼程度的加重,叶片上面出现枯焦,叶缘向上卷曲。除非严重缺钼,一般缺钼不影响浆果的大小和品质。

(二)山楂营养失调症状诊断

1. 氮素失调

山楂缺氮时叶片小,叶色黄化,新梢生长量小,花小,果个小,隔年结果现象明显。但单纯施氮和氮素过剩，又会引起枝叶徒长，影响枝条充实和根系生长，花芽分化不良，延迟结果，降低果实品质和山楂树的抗逆性。

2. 磷素失调

山楂树缺磷时，萌芽晚，萌芽率低，叶片小而色淡，下部叶易出现褐斑。根毛粗大而发育不良，分蘖明显减少。但磷素过剩会抑制氮和钾的吸收，使土壤中的铁不活化，并诱发锌、铁、镁缺乏症，使叶片发黄。因此，施磷要注意与氮、钾等元素比例协调。

3. 钾素失调

山楂树缺钾，叶片小，叶缘发黄，并出现坏死组织，发生赤褐色枯斑，叶缘常向上卷曲，果实小，含糖量降低。钾素过剩时，枝条不充实，并使钙、镁的吸收受阻。

4. 镁素失调

缺镁，会妨碍叶绿素的形成，使叶片出现网状黄化。单独施钾，则会助长镁的缺乏。

5. 硼素失调

山楂缺硼表现为受精不良，花而不实，还会影响根系的发育和光合作用。如果硼用量过多，也会发生毒害，表现为叶面发皱，叶色发白，叶缘黄化，变褐。

6. 锌素失调

缺锌会使叶片变小、变形，叶脉间出现黄白斑点，细根发育不全。如含锌过量，会出现幼叶黄化，并产生赤褐色斑点。

7. 铁素失调

缺铁，会发生叶片黄化或白化。在一些多钙质偏碱性的土壤中的山楂园，黄化率有时高达 60%。

8. 钼素失调

钼能促进植物固氮和光合作用，可以消除酸性土壤中铝在树体内累积而产生的毒害，缺钼的症状类似于缺氮的症状。

(三)草莓、山楂病虫害防治

1. 草莓灰霉病

灰霉病在我国各草莓产区均有发生。北方设施栽培期及南方采果期逢春雨,常造成花及果实的大量腐烂,感病品种病果率可达 30%～60%,对草莓的产量、品质影响很大。

(1)症状

主要危害果实,以花期侵染为主,也可侵染叶片、果柄。病菌侵染花瓣后呈淡褐色病斑,并迅速扩展到全瓣、萼片和幼果。果实发病,接触地面的小幼果最易发病,可使整个花序变褐腐烂。已转白或已着色的果实受害,于果面产生水渍状褐色病斑,果肉软腐,空气潮湿时果皮表面密生灰霉。叶片发病,多在叶片边缘产生水渍状褐色病斑,有时略具轮纹,潮湿时产生浓密的灰色霉层,略有振动,病菌便呈烟雾状飞散。染病果柄变紫色,干燥后缢缩。

(2)病原

灰葡萄孢菌,属半知菌亚门葡萄孢属。分生孢子梗丛生,灰色,后转褐色,顶部树枝状,分枝末端稍膨大。分生孢子近球形或卵形,无色,单胞。有性阶段为富克尔核盘菌,属子囊菌亚门,一般很少产生。菌核生于腐烂的果中,黑色,不规则型。

(3)发病规律

以菌丝体和分生孢子在病残体上,或以菌核在土壤中越冬。翌春菌核萌发产生菌丝和分生孢子,借气流、雨水传播。病菌主要从花器侵入,直接或从伤口进入。本菌发育适温 18～23 ℃,最高 30～32 ℃,最低 4 ℃;孢子萌发适宜温度 18～24 ℃,最适相对湿度 92%～95%,最适 pH 4～5。持续低温可降低植物的抗病性,因此低温、高湿利于病害发生与流行。相对湿度 64%,病果率低于 10%;相对湿度 80% 以上连续 1 周,病果率可高达 30% 以上。

（4）防治措施

加强栽培管理。低洼积水地注意排水，调节叶、果比，增强通透性。及时清除病株、病果、病叶及黄叶，带出园外深埋或烧毁。保持棚室干净，通风透光。进行地膜覆盖，防止果实与土壤接触。

生物防治。可以采用颉颃剂：木霉菌制剂。

药剂防治。可以采用 50％腐霉利（速克灵）可湿性粉剂 1 000～2 000 倍液、50％多霉灵可湿性粉剂 1 000 倍液、40％嘧霉胺（施加乐）可湿性粉剂 800～1 200 倍液、40％菌核净可湿性粉剂 700～1 000 倍液、50％异菌脲（扑海因）可湿性粉剂 1 000～1 500 倍液等喷雾。在设施栽培湿度大时，可考虑采用烟雾法或粉尘法，如 10％腐霉利烟剂，每次 3～3.75 kg/hm² 或 45％百菌清粉尘剂、10％杀霉灵粉尘剂，每次 15 kg/hm²。

2. 草莓白粉病

草莓白粉病是草莓生产中的主要病害，特别是保护地草莓白粉病，发生严重时，病叶率在 45％以上，病果率 50％以上，严重影响了草莓的产量、品质和经济效益。

（1）症状

主要危害叶、果实，而在果梗、叶柄和匍匐茎上很少发生。叶片发病初期在叶背面长出薄薄白色菌丝，后期菌丝密集成粉状层，病原菌逐渐漫延扩展，严重时叶片正面也滋生菌丝。随病情加重，叶缘逐渐向上卷起呈汤匙状，叶片上发生大小不等的暗色污斑，后期呈红褐色病斑，叶缘开始萎缩，最终整个叶片焦枯死亡。花和花蕾受侵害后，花萼萎蔫，授粉不良，幼果被菌丝包裹，不能正常膨大而干枯。果实后期受害时，果面裹有一层白粉，着色缓慢，果实失去光泽并硬化，严重时整个果实如同一个白粉球，完全不能食用。

（2）病原

羽衣草单囊壳，属子囊菌亚门白粉菌目白粉菌科单囊壳属。菌丝体生于叶的两面、叶柄、嫩枝和果实上，分生孢子圆筒形、腰鼓形,成串,无色,大小(18～30)μm×(12～18)μm。子囊果生叶上者散生或稍聚生,生在叶柄和茎上者稀聚生,球形、近球形,褐色、暗褐色,直径60～93μm,壁细胞不规则多角形,大小差异很大,直径4.5～24μm。附属丝3～13根,丝状,弯曲,屈膝状,长度为子囊果直径的0.5～5倍,基部稍粗,表面平滑,有0～5个隔膜,全长褐色或下部一半褐色,有的仅顶部无色。子囊1个,宽椭圆形、椭圆形,无色,大小(60～90)μm×(45～75)μm。子囊孢子8个,少数为6个,椭圆形、长椭圆形,有油点1～3个,多数2个,此外,还有颗粒状内含物,无色,大小(15～24)μm×(10.5～15)μm。无性阶段为半知菌亚门丛梗孢目粉孢属。

（3）发生规律

菌源:在寒冷地区,病菌以闭囊壳、菌丝体等随病残体留在地上或在活着的草莓老叶上越冬。在温暖地区,多以菌丝或分生孢子在寄主上越冬或越夏,成为翌年初侵染源。依靠带病的草莓苗等繁殖材料进行中远距离传播。

侵染:春天产生分生孢子或子囊孢子,经气流传播到寄主叶片上,分生孢子先端产生芽管和吸器从叶片表皮侵入,菌丝附生在叶面上,从萌发到侵入一般需20小时,每天可长出3～5根菌丝,4天后侵染处形成白色菌丝状病斑。7天后成熟,形成分生孢子飞散传播,进行再侵染。

在南方病原菌周年生活于草莓植株,春秋分生孢子飞散到空气中传播。最初发生在匍匐茎抽生及育苗期,保护地栽培发生更严重,其发生发展主要与温度和相对湿度有关,发生的适温为20℃左右,空气湿度为80%～100%,往往在经历较高的相对湿度以后出现发病高峰,遮光可加速孢子的形成。种植在塑料棚、温室或田间的草莓,白粉病能否流行取决于湿度和植株的长势。湿度大利其流行,低温也可萌发,尤其当高温干旱与高温高湿交替出现,又有大量白粉病菌源时易大流行。

（4）防治措施

农业防治：选用抗病品种，草莓品种间对白粉病的抗性有很大差异，杜克拉、图得拉、卡尔特1号、宝交早生、哈尼等品种抗性较好；清理棚内或田间的上茬草莓植株和各种杂草后再定植；不要过量施氮肥，栽植密度不要过大，果农之间尽量不要互相"串棚"，避免人为传播。发现病枝、病果要尽早在晨露未消时轻轻摘下装进方便袋烧掉或深埋。

药剂防治：采用硫黄熏蒸技术，在温室内每百平方米安装1台熏蒸器，熏蒸器内盛20 g含量99％的硫黄粉，在傍晚盖苫后开始加热熏蒸，隔日一次，每次4小时。其间注意观察，硫黄粉不足时再补充。熏蒸器垂吊于大棚中间距地面1.5 m处。为防止硫黄气体硬化棚膜，可在熏蒸器上方1 m处设置一个伞状废膜用于保护大棚膜。此种方法对蜜蜂无害，但熏蒸器温度不可超过280 ℃，以免亚硫酸对草莓产生药害。温室内夜间温度超过20 ℃时要酌减药量。一旦发病，新型药剂有4％四氟醚唑（朵麦可）水乳剂每公顷750～1 050 mL，或50％翠贝干悬浮剂每公顷150～225 g，对草莓安全，防效好，翠贝对灰霉病也有很好的抑制与预防作用。常用的药剂还有世高、仙圣、粉锈宁、腈菌唑、氟硅唑、农丰灵、乐必耕、武夷菌素等药剂防治，但药量不要过大，以免产生药害。由于白粉病用药次数多，最好选用作用机制不同的药剂交替使用，以免白粉病病原菌产生抗药性。

3. 草莓根腐病

草莓根腐病是草莓根部重要病害，特别是在多年种植草莓的重茬地块，严重时可造成整个草莓园区的毁灭。该病的发生具有逐年上升趋势，已成为草莓产业发展的主要障碍之一。

（1）症状

草莓黑根腐病：病株易早衰，矮小，株势弱，坐果率低。被侵染的根部由外到内颜色逐渐变为暗褐色，不定根数量明显减少，又俗称"死秧"。

草莓红中柱根腐病:植株早衰,茎变为褐色。植株下部老叶变成黄色或红色,新叶有的具蓝绿色金属光泽。匍匐茎减少,病株枯萎迅速。发病初期不定根中间部位表皮坏死,形成 1~5 mm 长的红褐色或黑褐色梭形长斑,严重时木质部坏死。后期老根呈"鼠尾"状,切开病根或剥下根外表皮可看到中柱呈暗红色。

(2)病原

为多种病原物和环境相互作用引起。常见的病原菌为草莓黑根腐病菌、草莓红心(中柱)根腐病菌、草莓白根腐病菌。

(3)发生规律

病原以卵孢子在地表病残体或土壤中越夏。卵孢子在土壤中可存活多年,条件适应时即萌发形成孢子囊,释放出游动孢子,侵入植物的根系或幼根。

草莓黑根腐病:长期连作,土壤病原菌、线虫数量增加。越冬低温冻害。除草剂药害。土壤板结,地力下降。植株根部过度积水或土壤过干均易发病。其中土壤病原物增加和植株生长势衰弱是主要病因。

草莓红中柱根腐病:夏秋气温较低,土壤湿度过大。种植区地势低洼,土壤积水较多。常年连作导致土壤中病原物增加,越冬遭遇冻害,生长势减弱。一般黏土地块比沙壤土易发病。

(4)防治措施

农业防治:选择早熟避病或抗(耐)病品种,如宝交早生、丰香、因都卡、新明星等。草莓田一般要实行 4 年以上的轮作;在草莓采收后,将地里的草莓植株全部挖除,施入大量有机肥,深翻土壤,灌足水,在光照最充分,气温较高的 7~8 月,地面用透明塑料薄膜覆盖 15 天以上,利用太阳能使地温上升到 50~60 ℃,可消毒土壤。同时也可促使土壤中有机质分解,提高土壤肥力。草莓施肥的原则是适氮、重磷重钾,施肥应以充分腐熟的有机肥为主,施足基肥,以保证满足草莓整个生长期的要求；灌水要及时适当，掌握"头水晚，二水赶"的原则。开花后至果实成熟期间，保证充足的水分供应。严禁大水漫灌，避免灌后积水，有条件可进行滴灌或渗灌。

药剂防治：防治关键要从苗期抓起。在草莓匍匐茎分株繁苗期及时拔除弱苗、病苗。并用药预防 2～3 次；定植后要重点对发病中心株及周围植株进行防治；发病时采用灌根或喷洒根茎的方法防治。常用药剂有 58％甲霜灵锰锌可湿性粉剂可湿性粉剂 500 倍液、64％杀毒矾可湿性粉剂 500 倍液、50％扑海因（异菌脲）可湿性粉剂 1 500 倍液、58％甲霜灵锰锌（雷多米尔）可湿性粉剂 600 倍液、72％锰锌霜脲可湿性粉剂 800 倍液、72％普力克水剂 600～800 倍液。每隔 7～10 天防治一次，连续防治 2～3 次。扣棚后，草莓对药剂非常敏感，各种药剂要按低限浓度使用。

4. 草莓炭疽病

草莓炭疽病是草莓苗期的主要病害之一，南方草莓产区发生较为普遍。

（1）症状

叶片、叶柄、匍匐茎、花瓣、萼片和浆果都可受害。病株受害大体可分为局部病斑和全株萎蔫两类症状。局部病斑在匍匐茎上最易发生，叶片、叶柄和浆果上也常见。茎叶上病斑长 3～7 mm，初为红褐色，后变黑色，溃疡状稍凹陷，病斑包围匍匐茎或叶柄整圈时，病斑以上部位枯死。萎蔫型病株起初病叶边缘发生棕红色病斑，后变褐色或黑色，发病较轻时，叶片白天萎蔫，傍晚时能恢复，发病严重时几天后即枯死。掰断茎部的症状是由外向内逐渐变成褐色或黑色，拔起植株，细根新鲜，主根基部与茎交界处部分发黑。

（2）病原

草莓炭疽菌，属半知菌亚门毛盘孢属。

（3）发生规律

病原菌主要以土壤中的病茎叶，匍匐茎等病残体越冬，并成为初侵染源。病原菌形成孢子后随雨水飞溅到草莓上引起再次侵染和扩展。

病原菌生长的最适温度在 28～32 ℃，属高温性病害，凉爽干燥的气候不利于病害的发生。品种间抗病性差异明显，宝交早生、早红光抗病性强，丰香中抗、丽红、女峰、春香均易感病。

（4）防治措施

农业防治：选择无病田作为苗床可以减轻病害的发生。另外对育苗地进行土壤熏蒸消毒，也是一种非常有效的防治手段，但是消毒的费用比较昂贵；加强草莓苗床健康母株的选择；因此应避免大水泼浇、漫灌，防止泥水在草莓苗间飞溅、流淌。采用加盖遮荫棚、滴灌、沟灌等方法，既可以适当给草莓植株补充水分，又可以降低地温，从而促进草莓生长，减轻病害。

药剂防治：关键时期在草莓匍匐茎开始伸长，田间摘老叶及降雨的前后进行重点防治。在育苗期和定植后每隔 7～10 天叶面交替喷施 600～800 倍的代森锌、百菌清、溴菌清、托布津等，对减轻炭疽病有一定效果。

5. 山楂花腐病

山楂花腐病主要发生在辽宁、吉林、山东等省区。流行年份病叶率可达 70%左右，病果率达 90%以上，对山楂生产威胁较大。

（1）症状

主要危害叶片、新梢和幼果。幼叶发病，初为短线条状或点状褐色小斑，扩展后呈红褐色或棕褐色大斑。病斑扩展迅速，一周内病叶即萎缩枯死。湿度大时，病部生出一层灰白色霉状物，即病菌的分生孢子。新梢发病多在下部萌蘖枝上，病梢初为褐色斑点，后为红褐色，病斑绕枝一周病梢即枯死。幼果发病多在落花后 10 天左右，初为直径 1～2 mm 的褐色小斑，2～3 天后扩展到整个果实，幼果变褐腐烂，表面有黏液，并有酒糟味，最后病果脱落。

（2）病原

约翰逊草核盘菌，属子囊菌亚门核盘菌属。子囊盘肉质，杯形，褐色，盘径 3～12 mm，柄长 1～18 mm。子囊棍棒形，无色。子囊孢子单孢，无色，椭圆或卵圆形。无性态为属半知菌亚门丛梗孢属。分生孢子单孢、柠檬形，深灰色，串生。孢子串有分枝，孢子间有短线状连接体（图 3-32）。

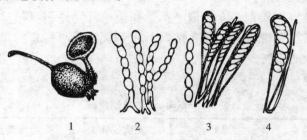

图 3-32 山楂花腐病病原菌
1. 为害状及子囊盘 2. 分生孢子 3、4. 子囊及子囊孢子

（3）发病规律

病菌以菌核在落于地面的病僵果中越冬。次年 5 月上中旬（山楂展叶期）在潮湿处的僵果上产生子囊盘，并释放子囊孢子。孢子借风力传播，初侵染幼叶，形成叶腐、梢腐。病叶产生的分生孢子借风传播，进行再侵染。分生孢子在花期由花的柱头侵入，潜育期 13～15 天，形成果腐。

山楂花腐病的发生与降雨有密切关系。通常展叶后多雨，叶腐较重；开花期多雨，易引起花腐。高温、高湿出现早的年份和地区，发病早；反之则晚。晚熟品种比早熟品种发病重，如大金星、小金星、丰收红等早熟品种发病轻；四方红、辽红为中感；二猴头为感病品种。

（4）防治措施

清除菌源。晚秋、早春彻底清除树上、树下病果，然后深翻土壤，减少初侵来源。

地面施药。深翻困难的果园,可于 4 月下旬在果园地面撒石灰粉 375～450 kg/hm²,对抑制子囊盘的产生有较好效果。也可用硫黄粉 3 份:石灰粉 7 份混合,45 kg/hm²。

树上喷药。在山楂展叶期,间隔 3～4 天,连喷 0.4 波美度石硫合剂 2～3 次。或 15％三唑酮可湿性粉剂 1 000 倍液、70％甲基硫菌灵可湿性粉剂 700 倍液、65％代森锌可湿性粉剂 500 倍液、75％百菌清可湿性粉剂 750 倍液 2 次。在山楂开花盛期,喷一次 50％多菌灵可湿性粉剂 500 倍液或 70％甲基硫菌灵可湿性粉剂 1 000 倍液等预防果腐。

草莓、山楂其他病害见表 3-9。

表 3-9　草莓、山楂其他病害

病害名称	症状特点	发病规律	防治要点
草莓白粉病	危害叶片、叶柄、花及浆果,在发病部位上覆盖一层白色粉末状物	干旱少雨的年份比较重。品种间对白粉病的抗性有很大差异	发病初期,摘除病叶、病果等被害组织。喷三唑酮、氟硅唑、武夷菌素等药剂
草莓病毒病草莓斑驳病毒(SMoV)草莓轻黄边病毒(SMYEV)、草莓皱缩病毒(SCrV)、草莓镶脉病毒(SVBV)等	多表现为花叶、黄边、皱叶和斑驳。病株结果减少,品质变劣,甚至不结果;复合感染时由于毒源不同表现症状各异	病毒主要在草莓种株上越冬。通过蚜虫、嫁接传毒,种子、花粉一般不传毒。有些病毒可通过菟丝子、汁液传播	选用抗病品种。培育无病毒种苗,加强检疫和检验,定期(1～4 年)更新种苗,从苗期开始治蚜、防病
山楂白粉病	主要危害山楂的叶片、新梢及幼果。在病部产生白色粉状物,后期在白粉层中形成黑色小颗粒状物(闭囊壳)	病菌以闭囊壳在病叶、果和梢上越冬。孢子借风力传播。每年以 5～6 月危害重。干旱有利发病	清洁果园,减少侵染来源。在 4 月中旬至 5 月下旬,喷布甲基硫菌灵或三唑酮

续表 3-9

病害名称	症状特点	发病规律	防治要点
山楂锈病	侵染叶片,初为橘黄色小斑点,后表面生黑色小粒点(性子器);病斑向背面隆起,丛生淡黄色毛状物(锈子器)	参见梨锈病	参见梨锈病
山楂叶斑病	叶面产生大量圆形灰褐色小斑,周缘清晰。后期病斑散生黑色小粒点	主要以分生孢子器在病叶上越冬。6~8月危害。老弱树发病重	发芽前喷石硫合剂。花前、花后喷多菌灵或甲基硫菌灵
山楂腐烂病	参见苹果腐烂病	参见苹果腐烂病	参见苹果腐烂病
山楂干枯病	多发生在幼树主干上。病斑深褐色,不规则形。病部皮层干腐,后表生黑色小点,病健处开裂	参见苹果树腐烂病	参见苹果树腐烂病
山楂枯梢病	2年生果桩皮层变褐腐烂,扩展到果枝基部时,果枝及花序迅速枯萎。后表面密生灰褐色小粒点,潮湿时从中涌出乳白色分生孢子角	病菌以菌丝体和分生孢子器在2~3年生的果桩上越冬。翌年侵染2年生的果桩,造成新梢枯萎死亡。弱树、内膛枝及管理粗放发病重	壮树抗病。减少菌源。发芽前喷石硫合剂、多菌灵或甲基硫菌灵
山楂黑星病	危害叶、果。叶背脉间产生稀疏的橄榄色霉状物,渐扩展为大小不等、不规则形的霉斑	辽宁沈阳6~7月危害盛,10月后停止发生	清洁果园。发生初期,喷多菌灵甲基硫菌灵

六、枣营养失调诊断及病虫害防治

（一）枣树营养失调症状诊断

1. 氮素失调

枣树缺氮时树体生长缓慢，新梢生长短，呈直立纺锤状；叶色变淡，从老叶开始黄化，逐渐到嫩叶，缺氮不像其他某些元素缺乏时那样出现病斑或条纹，也不发生坏死，并且不易染病，但果实小、早熟、着色好，产量低。氮素施用量过多，则会使枣树叶片变大，色浓、多汁，枝梢徒长，抗病能力降低，花芽分化少，易落花落果，果实品质差。

2. 磷素失调

早熟磷素供应不足，枝条纤细，生长减弱，侧枝少；展开的幼叶呈暗红色，叶片稀疏，叶小质地坚硬，幼叶下部的叶背沿叶缘或中脉呈现紫色，叶与茎呈锐角，生长迅速的部分呈紫红色；开花和坐果减少，春季开花较晚，果实小，品质差。当磷肥施用过量时，一般不会引起直接的危害症状，而是影响其他元素的有效性，诱发某些缺素症，如土壤磷过多时会降低锌、铁、铜、硼等元素的有效性，引起枣树缺锌等缺素症发生。预防枣树缺磷时，应采取土壤施肥和根外喷施磷肥相结合的方法。土施磷肥时最好与有机肥混合集中施于根际密集层。

3. 钾素失调

通常缺钾症状最先在枣树枝条的中下部叶片上表现出来，发病症状从枝梢的中部叶开始，出现叶缘和叶尖黄化失绿，呈棕黄色或棕褐色干枯，随着病势的发展向上、下发展。而处于生长点的未成熟幼叶则无症状。缺钾时可地下基施或追施硫酸钾或磷酸二氢钾,每株成年枣树用量 0.5～1.5 kg。

4. 钙素失调

钙在植物中不易移动,枣树缺钙后,首先幼叶发生失绿现象,新梢幼叶叶脉间和边缘失绿,叶片呈淡绿色,叶脉间有褐色斑点,后叶缘焦枯,新梢顶端枯死,严重时大量落叶,果小而畸形,淡绿色。枣树缺钙多在果实迅速膨大期以后发生,要特别注意后期补钙。根外喷施时要细致喷洒果面。

5. 镁素失调

当枣树缺镁时,叶绿素含量减少,叶片褪绿,光合作用受到影响,作物不能正常生长。枣树的缺镁症先表现在新梢中下部叶片失绿变黄,后变黄白,呈条纹或斑点状,逐渐扩大至全叶,进而形成坏死焦枯斑,但叶脉仍然保持绿色。缺镁严重时,大量叶片黄化脱落,仅留下先端的、淡绿色、呈莲座状的叶丛。果实不能正常成熟。缺镁时可基肥或追肥增施硫酸镁,每亩施用 5～10 kg。

6. 硼素失调

枣树缺硼表现为枝梢顶端停止生长,从早春就开始发生枯梢,到夏末新梢叶片呈棕色,幼叶畸形,叶片呈扭曲状,叶柄紫色,顶梢叶脉出现黄化,叶尖和边缘出现坏死斑,继而生长点死亡并由顶端向下枯死;根系不发达;花器发育不健全,落花落果严重,"花而不实";果实出现褐斑和大量"缩果",果实畸形,以幼果最重,严重时尾尖处出现裂果,顶端果肉木拴化,呈褐色斑块状坏死,种子变褐色,果实失去商品价值。枣树硼素过多会造成中毒现象,表现为小枝枯死,枝条流胶、爆裂;果实木栓化落果严重,早熟和储藏期短。

7. 锌素失调

枣树缺锌会引起枣树生长矮小和不利于种子形成等问题,并出现"小叶病"等现象。表现为新梢生长受阻、节间缩短,顶端的叶片狭小呈簇状,叶肉褪绿而叶脉浓绿,花芽减少,不易坐果,即便坐果,果实小发育不良。为防止缺锌可结合施基肥,每株结果枣树施用硫酸锌 0.2～0.25 kg,若枣园土壤呈碱性,在施肥时尽量选用酸性或生理酸性肥料,不能过量施用磷肥。

8. 铁素失调

枣树缺铁表现为黄叶,又称黄叶病,多发生在盐碱地或石灰质含量过高的土壤,以苗木和幼龄树发病较重。缺铁新梢顶端叶片先变黄白色,以后向下扩展。新梢幼叶的叶肉失绿,而叶脉仍保持绿色,老叶仍正常。之后叶片变白,叶脉变黄,叶片两侧、中部或叶尖会出现焦褐斑等坏死组织,直至最后叶片脱落。严重时可引起梢枯、枝枯,病叶早脱落,果实数量少,果皮发黄,果汁少,品种下降。预防缺铁可结合施肥,每株混施 0.5～1 kg 硫酸亚铁,效果可维持 1～2 年。

9. 锰素失调

枣树缺锰时,一般表现为叶脉间失绿。失绿从新梢中部叶片开始,向上下两个方向扩展,严重时褪绿部分发生焦灼现象,且停止生长,叶脉间开始变黄,然后逐渐扩大,最后只留下绿色叶脉,致使全叶变黄。缺锰和缺铁、缺镁相似,但与缺镁不同的是叶脉间很少达到坏死的程度,而且缺锰是在叶子充分展开以后发生。

10. 钼素失调

枣树缺钼时的主要表现是生长发育不良,植株矮小,叶片失绿、枯萎以致坏死。

(二)枣病虫害防治

1. 枣疯病

枣疯病是一种毁灭性的侵染性病害,枣园一旦发病,蔓延很快;发病严重的地区,造成枣树大量死亡,对生产威胁极大。

(1)症状

病树主要表现丛枝、花叶和花器官退化三种症状。

丛枝:病树根部和枝条上的不定芽或腋芽大量萌发并长成一

小丛的短疯枝。枝条多而小,直立,叶变小发黄,秋季干枯不易脱落。

花叶:在病株新梢顶端的叶片有黄绿相间的斑点,有时叶脉变透明,叶缘向内卷曲呈匙形,叶面凸凹不平,质地变脆。

花器官退化:花梗伸长,有小分枝,花瓣为叶片状,整个花器退化为营养器官,致使结果枝变成细小密集的丛生枝。病花不能结果,或虽结果,因果肉多渣,汁少味淡,不堪食用。

(2)病原

植原体,质粒圆形、椭圆形或不定形。

(3)发病规律

病菌可通过各种嫁接方式和叶蝉类昆虫传播蔓延。春季通过嫁接或叶蝉传染的树,当年可发病,夏季传染的树一般到第二年才表现症状。枣树品种间抗病性有差异,乐陵小枣、圆铃枣等易发病,长红枣发病较轻,酸枣抗病。山东的长红枣,河南的九月香、灵宝大枣较抗病;浙江的枣树品种,以南京枣、南枣发病最重。土壤贫瘠干旱、管理粗放、树势衰弱发病重。盐碱地发病少,酸性土壤发病多。

(4)防治措施

①培育无病苗木。严禁采用病树接穗嫁接,在无枣疯病枣园中采接穗,接芽或分根进行繁育。用50℃温水处理插条10~20分钟,可使病枝脱毒;茎尖培养可有效地脱除病原。

②防治传毒昆虫。在传毒昆虫的不同发育时期喷药防治,4月下旬(萌芽时)防治叶蝉孵化越冬卵,在5月中旬(花前)防治叶蝉第一代若虫,6月下旬后(盛花后)防治叶蝉成虫。

③药物防治。四环素和土霉素对枣疯病有明显的疗效,可用根部注射法,在枣树萌动初期滴注四环素或土霉素。

④加强栽培管理。合理修剪,适当增施碱性肥料和农家肥,增强树势,提高抗病性。

⑤根除毒源。发现病株及时连根铲除,彻底销毁或烧毁,以免病株的根蘖苗再次成为传染源。

2. 枣锈病

枣锈病又名枣串叶病、枣雾烟病,枣锈病是枣树的主要病害,各地都有分布。发病严重时,叶片提早脱落,削弱树势,降低枣的产量和品质。

(1)症状

仅危害叶片。发病叶片初期叶背散生淡绿色小点,渐变为淡灰褐色。病斑处有黄褐色有夏孢子堆。夏孢子堆初期生长在表皮下,成熟时突破表皮散出黄色粉状的夏孢子。后期在叶片正面对着夏孢子堆处出现不规则的绿色小点,形成褐色斑状,后期为黄褐色角斑,逐渐干枯脱落。发病严重时,枣树上的叶片全部脱落,只留下未成熟的青枣。冬孢子堆一般在病叶落地后产生。

(2)病原

枣多层锈菌,属担子菌亚门真菌。夏孢子球形或椭圆形,淡黄色至黄褐色,单胞,表面密生短刺,大小(14~26) μm×(12~20) μm。冬孢子长椭圆形或多角形,单胞,平滑,顶端壁厚,上部栗褐色,基部淡色,大小(8~20) μm×(6~20) μm。

(3)发病规律

病原在落叶上越冬,借风力、雨水传播,成为来年的初侵染源。

时期:7月中下旬开始发病,8月上中旬为发病盛期。

环境因素:7~8月降雨较多,高温多湿发病重。地势低洼,易积水,行间郁闭,间作高秆作物,发病重。

(4)防治措施

农业防治:枣园不密植,应合理修剪使通风透光;雨季及时排水,防止园内过于潮湿,以增强树势。晚秋和冬季清除落叶,集中烧毁。

药剂防治:发病严重的枣园,于7月上旬至8月中旬对树冠喷药,每半月喷一次,连续2～3次。在轻病区于8月上旬喷一次药液即可。药剂选用1∶2∶200倍式波尔多液,或锌铜波尔多液(硫酸铜0.5份,硫酸锌0.5份、生石灰2份、水200份),或15％三唑酮可湿性粉剂1 000倍液,或20％萎锈灵乳油400倍液,或97％敌锈钠可湿性粉剂500倍液,或50％退菌特可湿性粉剂500～600倍液。

3. 枣缩果病

枣缩果病又名枣黑腐病,病俗称黑腰。发生日趋严重,严重年份,甚至绝收。

(1)症状

初期在果实中部至肩部出现水浸状黄褐色不规则病斑,果面病斑提前出现红色,无光泽;病斑不断扩大,向果肉深处发展。果肉病斑区出现由外向内的褐色斑,组织脱水、坏死,黄褐色果肉有苦味,病斑外果皮收缩;后期外果皮呈暗红色,整果无光泽,果肉由淡绿色转赤黄色,果实大量脱水,一侧出现纵向收缩纹,果柄也变为褐色或黑褐色。比健果提早脱落。果实瘦小,失水皱缩萎蔫,果肉色黄,松软呈海绵状坏死,发苦。

(2)病原

噬枣欧文氏菌,属细菌。

(3)发病规律

病原在树上或落果落叶中越冬,靠昆虫、雨水、露水传播,从伤口侵入,或在花期侵入,呈潜伏状态。

时期:从果梗洼变红到1/3变红时,枣肉含糖量18％以上,是该病的发生盛期。一般在8月中下旬开始发病,8月下旬至9月初进入发病盛期。

气候因素:若感病期阴雨连绵,或间断性晴雨交替,高温、高湿天气,连续大雾,病果率和病情指数常急剧上升,呈现暴发现象。

虫口:该病的发生与刺吸式口器昆虫的虫口密切相关,介壳虫、蝽象、壁虱、叶蝉以及桃小食心虫均可传病。

（4）防治措施

秋冬季节清理落叶、落果，早春刮老皮，集中烧毁；合理冬剪，改善通风透光条件，防止冠内郁闭。

萌芽前喷3～5波美度石硫合剂。7月下旬至8月上旬喷农用链霉素100～140单位/mL，或50％琥胶肥酸铜（DT）可湿性粉剂600倍液，或47％加瑞农可湿性粉剂800倍液，或10％世高水分散粒剂2 000～3 000倍液。隔7～10天喷一次，连续1～2次。

4. 枣裂果病

枣裂果病是枣果接近成熟时如雨水过多，则发生严重，果农因此而遭受大量损失。危害发生在各产枣区均有发生。

（1）症状

果实将近成熟时，如连日下雨，果面裂开缝，果肉稍外露，随之裂果腐烂变酸，不堪食用。果实开裂后，易于引起炭疽等病原侵入，从而加速了果实的腐烂变质。

（2）病原

生理性病害。

（3）发生规律

夏季高温多雨，果实接近成熟时果皮变薄等因素引起。枣树裂果病还与缺钙有关，树体缺钙则裂果严重。

（4）防治措施

农业防治：生产上要适时浇水，保持田间小气候有较大的湿度，防止久旱逢雨后温、湿度的急剧变化而诱发裂果；控制生长后期水分的供应，雨后及时排水。保持良好的树体结构，通风透光条件好，有利于雨后枣果表面迅速干燥。

药剂防治：若发生裂果病，要及时喷800～1 000倍液的甲基硫菌灵等杀菌剂，防止病菌的侵入，减少经济损失。

5. 枣尺蠖

枣尺蠖又名枣步曲,属鳞翅目尺蛾科,以幼虫食害枣芽、嫩叶,严重时可将枣叶、花蕾全部吃光,影响枣树的正常生长和开花结果。

(1)形态特征

成虫雌蛾体长约 20 mm,暗灰色,无翅,触角丝状。雄蛾体长约 15 mm,灰褐色,触角双栉齿状,前翅有黑色弯曲横纹两条,后翅有一条波纹,内侧有一黑斑。卵椭圆形,长约 1 mm,聚集成块,初黄绿色,后变黑灰色。幼虫体长 37～46 mm,灰褐色或青灰色。有黄、黑、灰三色间杂的纵条纹和不规则斑点。前胸前缘及腹部 1～5 节背面各有一条白色横纹。胸足 3 对,腹足 1 对,臀足 1 对。蛹纺锤形,枣红色。

(2)发生规律

一年发生 1 代,个别两年 1 代,以蛹在枣树根际周围土壤内越冬。3 月中旬成虫开始羽化,3 月下旬为羽化盛期,成虫出土后沿树干上爬,于树上交尾产卵,卵产于树杈粗皮裂缝处,卵期 15～20 天。4 月中下旬枣芽萌发时开始孵化。4 月下旬至 5 月上旬为孵化盛期。幼虫危害期为 4～6 月。以 5 月间危害最烈。幼虫喜散居,爬行迅速,能吐丝,具假死性。6 月下旬至 7 月下旬幼虫入土化蛹越冬。

(3)防治措施

阻隔法:成虫出土前,在树干上绑塑料薄膜带或涂抹黏性油,阻隔雌虫上树产卵,或在距树干基部培 30 cm 高的坡状砂堆,阻止雌蛾上树,并在砂堆上捕杀雌蛾。

人工防治:利用幼虫假死性,振落捕杀。

药剂防治:幼虫 3 龄前喷 2.5％溴氰菊酯乳油 4 000～6 000 倍液、5％氟虫腈悬浮剂 2 500 倍液。也可喷洒每毫升含 5^6～10^7 个孢子的青虫菌、杀螟杆菌、松毛虫杆菌等的稀释液。

七、柿营养失调诊断及病虫害防治

(一)柿营养失调症状诊断

1. 氮素失调

氮不足时,为保证幼嫩组织的生长,氮向幼嫩组织转移,下部叶色变黄甚至脱落,枝条生长停止,果实膨大停滞,落花落果严重,花芽分化不良,产量下降。长期缺氮,则造成树体衰弱,抗逆性降低等现象。若氮素过多,则导致营养生长过旺,枝条徒长,叶片宽大,色浓绿,果实着色迟,缺乏光泽,味淡,易发生蒂隙果,成熟迟而不耐储藏。

2. 磷素失调

缺磷时,老叶呈暗绿色,新叶小而无光泽、向内卷曲,叶脉间出现黄斑;枝条分枝少,节间徒长;果实发育不良,产量、品质下降。当磷素过剩时,会抑制氮和钾的吸收,导致植物缺锌,表现为叶片黄化,产量降低。

3. 钾素失调

树体缺钾时,果小,色泽不良。翌年发叶迟,叶色差,发育不良。当极度缺钾时,叶缘先呈淡绿色,尔后逐渐变成焦枯状。钾肥过多时,果皮粗而厚,石细胞多,着色迟,糖度低,品质差,还抑制树体对氮、镁、钙等元素的吸收。

4. 钙素失调

缺钙,根系受害严重,新根短粗,弯曲,尖端干枯,茎、叶生长不正常,甚至枯死。若钙过多,土壤偏碱性而板结,钙离子易和铁、锰、锌、硼等元素的酸根结合,生产不溶性化合物,导致柿树缺素症。

5. 镁素失调

柿树缺镁时,叶脉及其附近先褪绿,变成"花叶"。严重时,产生褐色斑,受害的老叶早期脱落。

6. 硼素失调

缺硼表现为生长点枯萎,叶黄化,果、叶畸形。

7. 锌素失调

锌可以影响柿叶氮素代谢。缺锌,枝叶会枯黄瘦小。

8. 铁素失调

缺铁影响叶绿素的形成,造成叶片黄化,缺铁症又叫"黄叶病"。

9. 锰素失调

柿树缺锰时新梢基部的叶尖出现小黑点,叶背的叶脉先端黑变,并波及新梢中部叶片;轻度缺乏时,出现黄化;缺乏严重时,出现症状几天后开始落叶,从新梢基部到中部的叶片脱落。

10. 钼素失调

柿树缺钼叶片先端或边缘出现褐色斑点,向内卷曲形成典型的杯状叶,严重时落叶增多。

(二)柿病虫害防治

1. 柿角斑病

柿角斑病可造成柿树早期落叶、落果,对树势和产量以及苗木的生长发育影响很大。

(1)症状

叶片受害初期,叶面出现不规则的黄绿色晕斑,叶脉变褐色,最后形成深褐色、边缘黑色的多角形病斑,病斑上出现小黑点(图3-33)。柿蒂染病时,病斑发生在蒂四角,形状不定,褐色至深褐色,两面均有小黑点。果实脱落后,大多数柿蒂留在树上不脱落。

(2)病原

柿假尾孢菌,属半知菌亚门假尾孢霉属。分生孢子座半球形

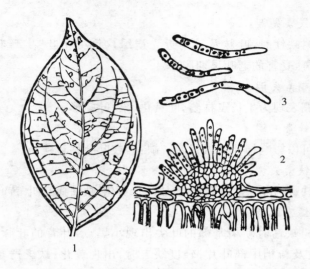

图 3-33　柿角斑病

1. 病叶　2. 分生孢子座　3. 分生孢子

或扁球形,暗黄绿色。分生孢子梗短杆状,不分枝,无隔,淡褐色。分生孢子棍棒形,上端较细,直或稍弯曲,无色或淡黄色,有隔膜(图 4-33)。

(3)发病规律

病菌以菌丝体在病蒂或病叶上越冬,翌年 5~6 月,温湿度适宜时产生分生孢子,靠雨水传播,从叶背气孔侵入。7~8 月雨水多时病害易流行。前一年残留在树上的病蒂多,往往发病严重。柿叶不同发育阶段抗病力有差异,老叶易感病,在同一枝条上,顶部叶片病轻,下部老叶病重。

(4)防治措施

清除菌源:消除树上残留的柿蒂,做好田园卫生,以减少菌源。

药剂防治:落花后 20~30 天喷药保护。可用 1:(3~5):(300~600)的波尔多液喷 1~2 次,也可用 65% 代森锌可湿性粉剂

500～600 倍液、30％氧氯化铜悬浮剂 600 倍液、40％多硫悬浮剂600 倍液喷雾。

2. 柿圆斑病

柿圆斑病是柿树常发病,南北方都有分布。造成提早落叶,柿果提早变红、变软脱落,影响树势很大。

(1)症状

叶片:初期产生圆形小斑,边缘不明显,正面浅褐色。随后病斑转为深褐色,中心色浅,外围有黑色边缘,直径 2～3 mm。病斑周围出现黄绿色晕环,后期病斑背面出现黑色小粒点。每个叶片上有 100～200 个病斑。严重时病叶 5～7 天内即可变红脱落,仅留柿果。

果实:柿果逐渐变红、变软,大量脱落。柿蒂染病,病斑圆形褐色,病斑小,发病时间较叶片晚。

(2)病原

柿叶球腔菌,属子囊菌亚门真菌。

形态:子囊果球形成洋梨形,黑褐色,直径 53～100 μm,顶端有小孔口。子囊丛生于子囊果底部,无色,圆筒形,大小(24～45) μm×(4～8) μm,内有 8 个子囊孢子。子囊孢子在子囊内排成两行,无色,纺锤形,成熟时上胞较宽,分隔处稍溢缩,大小(6～12) μm×(2.4～3.6) μm。分生孢子无色,长纺锤形或圆筒形,有 1～3 个隔膜。

特性:菌丝的发育适温为 20～25 ℃,最高 35 ℃,最低 10 ℃。

(3)发病规律

病原以未成熟的子囊果在病、落叶上越冬,6 月中下旬至 7 月上旬借风传播,从气孔侵入。每年只有 1 次侵染。8 月下旬至 9 月上旬显症,9 月下旬进入盛发期,病斑迅速增多,10 月上中旬引致落叶。越冬病原数量和病叶多少决定当年病害的发生轻重。上年病叶多,6～8 月雨日多,降雨量大,病害易流行。土地瘠薄,肥料不足,树势弱,发病重。

（4）防治措施

农业防治:秋末冬初及时清除柿园的大量落叶,集中深埋或烧毁。增施基肥,干旱柿园及时灌水。

药剂防治:6 月上中旬在柿树落花后喷 1∶5∶500 波尔多液,或 70％代森锰锌可湿性粉剂 500 倍液,或 64％杀毒矾可湿性粉剂 500 倍液,或 36％甲基硫菌灵悬浮剂 400 倍液,或 65％代森锌可湿性粉剂 500 倍液,或 50％多菌灵可湿性粉剂 600～800 倍液。

3. 柿炭疽病

炭疽病是柿树的主要病害。各地均有发生,造成枝条折断枯死,果实提早脱落。

（1）症状

主要危害果实及新梢,叶部较少发生。

枝干:发病新梢先产生黑色圆形小斑点,后变暗褐色,病斑扩大呈长椭圆形,中部稍凹陷,出现褐色纵裂,有黑色小粒点。天气潮湿时病斑上涌出红色黏状物。枝干上病斑长 10～20 mm,病斑下部的木质部腐朽,病梢极易折断。病斑以上枝条易枯死。

叶片:多在叶柄和叶脉处发病,初为黄褐色,后渐变为黑色,病斑呈长条形或不规则形。

果实:发病初期出现针头大小深褐色小斑点,后扩大成圆形病斑,直径 5 mm 以上时病斑凹陷,中部密生环纹排列的黑色小粒点。空气潮湿时溢出粉红色黏液状的分生孢子团。病斑深入皮层以下,果肉形成黑硬结块。每个柿果病斑有多个,有时病斑相连,柿果提前脱落。

（2）病原

柿盘长孢,属子囊菌亚门真菌。

形态:分生孢子梗分生孢子盘上聚生分生孢子梗,分生孢子梗无色,有一至数个分隔,大小(15～30) μm×(3～4) μm。分生孢子梗顶端着生分生孢子。分生孢子无色、单胞，圆筒形或长椭圆形，大小（15～28.3）$\mu m\times$（3.5～6）μm。

特性：病菌发育的最适温度为 25 ℃，最低 9 ℃，最高 35～36 ℃，致死温度为 50 ℃（10 分钟）。

（3）发病规律

病原主要以菌丝体在枝梢病斑中，或病果、叶痕和冬芽中越冬。第二年初夏条件适宜时产生分生孢子借风雨和昆虫传播，从伤口或直接侵入，进行初侵染。

时期：一般年份枝梢在 6 月上旬开始发病，雨季为发病盛期，后期秋梢可继续发病。果实多自 6 月下旬开始发病，7 月中下旬即可见到病果脱落，直到采收期。

气候因素：4 月下旬至 5 月下旬及夏季若多雨高湿，发病则重。土壤黏重，发病重。冬季末进行清园消毒，发病重。长期缺乏有机肥或施肥不合理，偏施氮肥，灌水过多，枝梢徒长，发病重。不及时疏花疏果，不重视夏剪，挂果密集，负载量过大，树冠郁闭，通风透光不良，发病重。

（4）防治措施

农业防治：采收后，彻底清除园内残枝落叶，集中烧毁。花前追施速效氮肥，及时浇水，花芽分化期和果实膨大期追施复合肥。树形采用自然开心形。通过修剪措施调整树体结构，增加光照和通风。

药剂防治：萌芽前全园喷 5 波美度石硫合剂。5 月上旬喷波美 0.2 度石硫合剂，以保护幼叶和嫩梢。引进苗木时用 1∶3∶80 倍波尔多液浸苗 10 分钟，然后定植。6 月上旬喷一次 1∶5∶600 倍波尔多液，降雨早且雨量大时适当早喷。15 天后每隔 7～10 天喷一次 50%多菌灵可湿性粉剂 800 倍液，或 65%代森锌可湿性粉剂 500～600 倍液，或 70%甲基硫菌灵可湿性粉剂 1 000 倍液，或 80%炭疽福美 500 倍液，连续 4 次，然后再喷波尔多液一次。

4. 柿蒂虫

柿蒂虫又称柿举肢蛾,属鳞翅目举肢蛾科。以幼虫钻食柿果,造成柿果早期发红、变软、脱落,严重时造成大量减产。

(1)形态特征

成虫体长 5.5~7 mm,体翅紫褐色,头、胸部中央、足和腹末端为黄褐色,前后翅狭长,缘毛长,前翅近顶角处有一条由前缘向外缘斜伸的黄色条纹。卵近椭圆形,乳白色,表现有纵纹。成熟幼虫体长约 10 mm,头部黄褐色,前胸背板、臀板及胴部背面暗褐色,中、后胸前面有"×"形皱纹,其中部有一横裂毛瘤。蛹褐色,稍扁平,化蛹于污白色茧内。

(2)发生规律

一年 2 代,以老熟幼虫在树皮裂缝或树干基部附近土壤中结茧越冬。华中地区,越冬幼虫 4 月中下旬化蛹。5 月上旬出现越冬代成虫,中旬最盛。5 月下旬,第一代幼虫开始蛀果。7 月上旬至 7 月下旬羽化第一代成虫,8 月上旬至 9 月末出现第 2 代幼虫,自 8 月下旬后,陆续老熟越冬。

成虫白天停留于柿叶背面,晚上活动、交尾、产卵。卵多产在果梗、果蒂缝隙间。一代幼虫孵化后,多自果柄蛀入幼果内危害,粪便排于蛀孔外,被害果实由绿变灰褐色,最后干枯。由于幼虫吐丝缠绕果柄,故被害果不易脱落。二代幼虫一般在柿蒂下危害果肉,被害果提早变红、变软而脱落。在多雨高湿的天气,幼虫有转果危害习性,常造成大量落果。

(3)防治措施

人工防治:及时摘除并销毁虫果;冬季清洁果园,刮除老翘皮,挖杀虫茧。

绑草环:幼虫开始越冬时,在树上绑草环诱集幼虫,清园时取回烧掉,以减少虫源。

药剂防治:成虫发生盛期和幼虫孵化初期喷药。用 20％氰戊菊酯乳油 1 000 倍液、2.5％氯氟氰菊酯乳油 2 500 倍液、2.5％溴氰菊酯乳油 3 000 倍液。

八、板栗、核桃、越橘、石榴营养失调诊断及病虫害防治

（一）板栗营养失调症状诊断

1. 氮素失调

板栗缺氮时，树体矮小，叶片小，叶色发黄，新梢生长量小，雌花少，果粒小，稳产性差，隔年结果明显。偏施氮肥或氮肥过剩，叶色深绿，枝叶徒长，枝条不充实且秋季停长迟缓，树体抗逆性差。

2. 磷素失调

栗树缺磷时，萌芽率低，萌芽晚，叶片小，叶色暗绿，下部叶片易出现褐斑。磷素过剩，抑制根系对氮和钾的吸收，并降低土壤中铁的活性，叶片发黄，表现出类似缺铁的症状。

3. 钾素失调

栗树缺钾时，叶片小，叶缘变黄，并出现坏死组织，发生赤褐色枯斑，叶缘常向上卷曲，果实小，含糖量降低，坚果品质和耐储性下降。

4. 硼素失调

硼对生殖过程有影响，硼能加强花粉萌发和花粉管伸长，花柱和柱头中积累大量的硼，有利于受精作用顺利进行。缺硼造成板栗空苞现象。如果硼素过剩，也会引起毒害，表现为板栗叶片焦枯。

5. 锰素失调

缺锰时，幼叶叶脉深绿色，呈网纹状，叶脉之间黄绿色或淡黄色，叶脉间出现坏死斑块，脱落成穿孔状。

6. 钼素失调

钼的主要生理功能表现在氮代谢方面,缺钼的症状类似于缺氮。

(二)核桃营养失调症状诊断

1. 氮素失调

核桃缺氮植株叶色失绿,叶片稀少而小,叶子发黄,常提前落叶,新梢生长量降低,严重者植株顶部小枝死亡,产量明显下降。

2. 磷素失调

缺磷时,树体一般很衰弱,叶子稀疏,小叶片比正常叶略小,叶片出现不规则的黄化和坏死,落叶提前。

3. 钾素失调

缺钾症状多表现在枝头中部叶片上,开始叶片变灰白,然后小叶叶缘呈波状内卷,叶背呈现淡灰色,叶子和新梢生长量降低,坚果变小。

4. 钙素失调

缺钙时根系短粗、弯曲,尖端不久褐变枯死。地上部首先表现在幼叶上,叶小、扭曲、叶缘变形,并经常出现斑点或坏死,严重的枝条枯死。

5. 镁素失调

缺镁时,叶绿素不能形成,表现出失绿症,首先在叶尖和两侧叶缘处出现黄化,并逐渐向叶柄基部延伸,留下"V"形绿色区,黄化部分逐渐枯死呈深棕色。

6. 硼素失调

缺硼时树体生长迟缓,枝条纤细,节间变短,小叶呈不规则状,有时叶小呈萼片状。严重时顶端抽条死亡。硼过量可引起中毒。症状首先表现在叶尖,逐渐扩向叶缘,使叶组织坏死。严重时坏死部分扩大到叶内缘的叶脉之间,小叶的边缘上卷,呈烧焦状。

7. 锌素失调

缺锌时,生长受到抑制,表现为枝条顶端的芽萌芽期延迟,叶小而黄,呈丛生状,被称为"小叶病",新梢细,节间短。严重时叶片从新梢基部向上逐渐脱落,枝条枯死,果实变小。

8. 铁素失调

缺铁时幼叶失绿,叶肉呈黄绿色,叶脉仍为绿色,严重缺铁时叶小而薄,呈黄白或乳白色,甚至发展成烧焦状和脱落。铁在树体内不易移动,因此最先表现缺铁的是新梢顶部的幼叶。

9. 锰素失调

缺锰时,表现有独特的褪绿症状,失绿是在脉间从主脉向叶缘发展,褪绿部分呈肋骨状,梢顶叶片仍为绿色。严重时,叶子变小,产量降低。

10. 铜素失调

缺铜时,新梢顶端的叶子先失绿变黄,后出现烧焦状,枝条轻微皱缩,新梢顶部有深棕色小斑点。果实轻微变白,核仁严重皱缩。

(三)越橘(蓝莓)营养失调症状诊断

1. 氮素失调

缺氮首先在老叶上表现症状。缺氮时,树体新梢生长量减少,叶片变小,叶色褪绿黄化或变白。

2. 磷素失调

缺磷时生长量降低,叶片小且暗绿,并出现紫红色,老叶首先表现症状。

3. 钾素失调

缺钾一般老叶先发病,叶片杯状卷起,叶缘焦枯。

4. 钙素失调

缺钙时幼叶叶缘失绿,幼叶出现黄绿色斑块。

5. 镁素失调

缺镁表现为浆果成熟期叶缘和叶脉间失绿,主要出现在生长迅速的新梢和老叶上,以后失绿部位变黄、变橘黄色,最后呈红色。

6. 硫素失调

缺硫时幼叶叶脉明显黄化,老叶叶片呈黄绿色。

7. 硼素失调

缺硼症状为芽非正常开绽,萌发后几周顶芽枯萎,变暗棕色,最后顶端枯死,幼叶小且蓝绿色并常呈船状卷曲。

8. 锌素失调

缺锌时叶片变小,节间缩短,幼叶失绿,并沿叶片中脉向上卷起。

9. 铁素失调

缺铁失绿是越橘常发生的一种营养失调症状。表现为叶片脉间失绿,叶脉保持绿色,严重时叶脉也失绿,新梢顶部叶片表现症状早且严重。

10. 锰素失调

缺锰时幼叶叶脉间失绿,但叶脉及叶脉附近呈带状绿色。

(四)石榴营养失调症状诊断

1. 氮素失调

树体生长衰弱,叶小而薄,色淡,落花落果严重,果实小。严重缺氮时生长可能停止,叶片早落。氮元素过多时枝叶旺长,花芽分化不良,果实成熟晚,品质差,着色不艳,不耐储藏,枝干不充实,冬季易受冻害。

2. 磷素失调

新梢和细根发育受阻,枝条萌芽率降低,叶片呈现坏死斑块,引起早期落叶,花芽分化不良,果实籽粒中含糖量降低,抗寒、抗旱性能减弱。

3. 钾素失调

果实变小,质量降低,落叶延迟,抗性减弱;严重缺钾时老龄叶片边缘出现焦枯。

4. 钙素失调

新生根变得短粗、弯曲,根尖易枯死,叶面积减少。

5. 镁素失调

植株生长停滞,基部叶片叶脉出现黄绿、黄白色斑点;严重缺镁时叶片从新梢基部开始脱落。

6. 硫素失调

叶色变浅、变黄,此病状幼叶表现最重,且节间短缩,茎尖有时出现坏死现象。

7. 硼素失调

缺硼时根、茎生长点枯萎,叶片变色或畸形,叶柄、叶脉质脆易断,根系生长变弱,花芽分化不良。

8. 锌素失调

直接影响生长素的形成。锌在生长旺盛的新梢、幼叶部位含量较多。缺锌时新梢细弱,节间短缩,叶小而密,叶片失绿变黄。

9. 铁素失调

叶小而薄,叶脉间呈黄绿色。严重时叶片上出现褐色斑点或枯边,并逐渐枯死脱落。发病后树势逐渐衰弱,花芽发育不良,落花落果严重。

10. 锰素失调

锰有助于开花结果和提高果实含糖量。缺锰时易出现叶片失绿。

11. 铜素失调

缺铜时叶片失绿;严重缺铜时,枝条顶部受害弯曲,枝条上形成斑块和瘤状物。

12. 钼素失调

首先出现在老叶叶脉间出现黄绿或黄色斑点，然后扩展到全部叶片上，继而叶边卷曲、枯萎，最后坏死。

(五)板栗、核桃、越橘、石榴病虫害防治

1. 栗干枯病

栗干枯病又名栗树腐烂病、桐枯病，在我国栗区都有分布。被害栗树轻则局部树干染病，树势衰弱，影响结果，重则树干腐烂，造成全株死亡，栗园毁灭。

(1)症状

主要危害枝干，初在树皮上出现红褐色病斑，病部组织松软稍隆起，后干缩凹陷，产生橙黄至黑色瘤状小粒点（子座）。天气潮湿时，从粒点中拥出丝状孢子角。干燥时病皮龟裂粗糙、严重时病部环绕枝干，上部叶即枯死（图 3-34）。

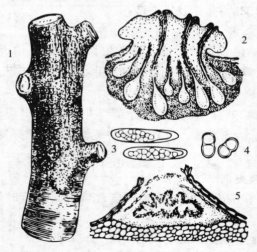

图 3-34　栗干枯病
1. 病干　2. 子囊壳及子座　3. 子囊　4. 子囊孢子　5. 分生孢子器

（2）病原

寄生内座壳菌，属子囊菌亚门内座壳属。子囊壳暗黑色，球形或扁球形，颈较长，一个子座内有数个子囊壳。子囊棍棒形，内生 8 个子囊孢子。无性阶段属半知菌亚门小穴壳属。分生孢子器在子座内形成。

（3）发病规律

病菌以菌丝体、分生孢子器和子囊壳在病枝干上越冬。翌年春主要靠风雨传播，病菌只能从伤口侵入，以菌丝体在皮层组织和形成层中扩展，病组织死亡后，菌丝仍能营腐生生活。每年 4～5 月发病，6～7 月最重。在病部可蔓延 1 个月左右，主要危害主干基部 10～30 cm 处。病部有煤焦油色汁液流出，病株部分或全部枝叶枯死。病害远距离传播主要通过苗木。凡果园土壤贫瘠，根浅树弱，或树体创伤多者发病重。

（4）防治措施

①实行检疫。严禁从病区调运苗木、接穗，防止将病苗、病接穗和带菌种子引入无病区。

②加强栗园管理。对贫瘠栗园应扩大树盘、改良土壤，以增强树势，提高其抗病能力。加强树体保护，防止冻害和机械损伤，及时防治蛀干害虫，减少病菌入侵的伤口。

③选用无病苗木。栽植前用 1∶3∶200 波尔多液浸苗消毒。

④药液涂抹。及时剪除病枝干，及早刮除病树上出现的病斑，用 5%～10% 碱水、石硫合剂原液或 30% 氧氯化铜悬浮剂 50 倍液涂病部。

2. 核桃黑斑病

核核黑斑病又称黑腐病、细菌性叶斑病，危害幼果造成腐烂和落果，后期受害出油率降低，对产量影响极大。

（1）症状

幼果受害，果面生暗褐色小点，扩大后整个果实连同果仁变黑，腐烂脱落。后期受害，病斑扩展慢，果肉虽然腐烂，但不扩展到核仁，也不脱落。枝梢受害，形成长梭形或不规则形的溃疡斑。环绕枝条时，枝梢枯死。嫩叶受害，产生黑褐色水渍状斑。成叶上的病斑黑褐色，常因受叶脉限制多呈多角形，后期病斑连片发黑变脆，中心呈灰色或穿孔。

（2）病原

油菜黄单孢菌核桃黑斑致病型，属薄壁菌门黄单孢杆菌属。菌体短杆状，极生单鞭毛。

（3）发病规律

病菌在病枝溃疡斑中越冬。翌年春借风雨和昆虫等传播。病菌自伤口或气孔侵入，潜育期 10～15 天。雨水多发病重，干旱年份发病轻。一般在核桃展叶期和开花初期最易受害，以后抗病力增强。核桃举肢蛾蛀食后的虫果伤口处，易受病菌侵染。

（4）防治措施

①冬季清园。休眠期剪除被害枝梢，集中处理，同时做好治虫工作，减少病虫伤口。

②加强栽培管理。做好中耕、除草和追肥工作，提高抗病能力。

③药剂防治。核桃展叶时及落花后喷 1：（0.5～1）：200 波尔多液、72%农用链霉素可溶性粉剂 4 000 倍液、77%氢氧化铜可湿性粉剂 600 倍液、30%绿得保悬浮剂 500 倍液。

栗和核桃其他病害见表 3-10。

表 3-10　栗、核桃其他病害

病害名称	症状特点	发病规律	防治要点
栗赤斑病	叶片病斑近圆形,黄褐色,斑外具黄色晕圈。病斑表面现小黑点,后期叶片上形成枯斑	以菌丝体和分生孢子盘在病株上或随病残体遗落土壤中越冬,借风雨传播,从伤口侵入或直接侵入。温暖多雨天气有利发病。果园低湿,缺肥,易诱发本病	清园,收集病叶烧毁,增施有机肥;发病初期喷咪酰胺锰络合物、多克菌、溴菌清等
栗锈病	主要危害幼苗,造成早期落叶。夏孢子堆和冬孢子堆在被害叶背长出,夏孢子堆为黄色或黄褐色疱状斑,破裂后露出黄褐色粉状夏孢子。冬孢子堆为褐色腊质斑,表皮不破裂	病菌以冬孢子在病组织中越冬。性孢子器和锈孢子器在转主寄主针叶树种上。风雨传播	参见枣锈病防治
核桃枝枯病	侵害嫩枝和主干,皮层生暗灰褐色或红褐色斑,上生大量黑色小粒点。病枝叶片脱落,枝枯	病菌在树干及枝条上越冬。分生孢子由风雨、昆虫传播。伤口侵入。管理粗放易发病	剪除病枝,清洁田园;注意防冻,防创伤;防治害虫(参见柑橘炭疽病防治)
核桃褐斑病	叶片生近圆形或不规则形病斑,边缘暗绿色至紫褐色,中央灰褐色。果实病斑凹陷,扩展后果实变黑腐烂	以分生孢子在被害叶和枝梢上越冬。果实在硬核前易被病菌侵染,春末夏初雨水多时发病重	早春清园;发病初期喷药,选用多硫悬浮剂、氢氧化铜、三唑酮多菌灵

3. 栗实象甲

栗实象甲又名板栗象鼻虫、栗蛆,属鞘翅目象甲科。幼虫在栗果实内取食子叶,并形成大形坑道,内部充满虫粪,被害栗果完全丧失食用价值和发芽能力,严重时栗果被害率可达 60%,对产量和品质影响很大。

(1)形态特征

成虫体长 7~9 mm,雄虫略小,体黑褐色被有白色鳞毛。头管细长,漆黑,有光泽,触角膝状,雌虫和雄虫触角分别着生于头管近基部的 1/3 和 1/2 处,鞘翅黑色,上有刻点组成的纵沟 10 条,前缘近肩角处具一白色横纹。翅鞘中部有一白色横带。卵椭圆形,乳白色,表面光滑。幼虫体长 8~12 mm,弯曲呈"C"形,头黄褐色,体乳白至淡黄色,多横皱,疏生短毛。蛹乳白色,头管伸向胸腹下方(图 3-35)。

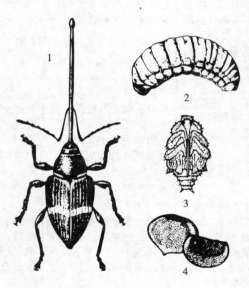

图 3-35 栗实象甲

1. 成虫 2. 幼虫 3. 蛹 4. 栗实为害状

（2）发生规律

南方一年发生 1 代,长江以北两年 1 代,以老熟幼虫在土中做室越冬。翌年当栗雌花出现、雄花抽生盛期时越冬幼虫开始化蛹,栗梢停止生长、雌花谢花时为化蛹盛期和成虫始见期;雄花大量脱落至栗总苞迅速膨大期为成虫盛发期。成虫取食嫩芽和嫩叶,具假死性,产卵于果蒂附近。当栗总苞停止膨大时为产卵盛期(8 月下旬至 9 月),孵期 8~15 天,9 月中旬左右孵盛孵为幼虫,幼虫在果中取食危害。9 月下旬至 10 月上旬至栗果采收期,未脱果的幼虫被带至储运果实中去,并在果内继续蛀食。

板栗品种不同,受害程度有差异。板栗球苞上针刺长硬而密、球壳厚的品种受害轻,早熟种被害轻;而球苞上的刺针短而疏、球壳薄的品种,因便于其产卵而受害重。

（3）防治措施

①清洁田园。及时采收,清除地面残果,以减少幼虫脱果越冬。

②诱杀幼虫。将栗果集中堆放于水泥板或晒场上,周围设埂诱杀脱果幼虫。

③消灭越冬幼虫。冬春翻耕土壤,可消灭土壤越冬幼虫。

④地面撒药。成虫羽化始期地面喷施 5％辛硫磷粉剂 150 kg/hm^2,或地面喷施 50％辛硫磷乳油 1 000 倍液,随即浅松土,杀死出土成虫。

⑤药剂防治。成虫产卵期喷施 2.5％氯氟氰菊酯乳油或 2.5％溴氰菊酯乳油 3 000 倍液、18％敌溴乳油 3 000 倍液、44％丙溴磷乳油 1 500~2 000 倍液。

⑥熏杀栗果内幼虫。溴甲烷 56 g/m^3 密封熏蒸 10 小时,可杀死栗果内全部幼虫。

4. 核桃举肢蛾

核桃举肢蛾又名核桃黑,属鳞翅目举肢蛾科。以幼虫在果内纵横取食,早期被害果皱缩变黑、脱落,后期被害果核发育不良,果面凹陷变黑,味苦,出油率低。

(1)形态特征

成虫为小型黑色蛾子。翅狭长,翅缘毛长于翅宽。前翅基部1/3处有椭圆形白斑,2/3处有月牙形或近三角形白斑。后足特大,停息时后足举起竖于翅侧,故称举肢蛾。腹背每节均有黑白相间的鳞毛。卵圆形,红褐色。幼虫老熟体长7~9 mm,头深褐色,体淡黄白色,每节均有白色刚毛。蛹纺锤形,黄褐色,蛹外有褐色茧(图3-36)。

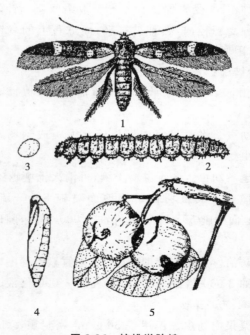

图3-36 核桃举肢蛾

1.成虫 2.幼虫 3.卵 4.蛹 5.为害果实

（2）发生规律

一年发生 1～2 代，以幼虫在土壤内结茧越冬。翌年 4 月底开始化蛹。第一代幼虫 5 月中旬开始蛀果，5 月中旬至 6 月上旬为蛀果盛期，这时核桃果皮尚未硬化。幼虫蛀食果仁造成大量落果。6 月中旬末即有部分幼虫脱果入土化蛹，7 月中下旬为幼虫脱果入土化蛹盛期。第二代幼虫 7 月上旬开始蛀果，8 月下旬至 9 月初大量幼虫脱果入土越冬。6 月底和 7 月初为第一代、第二代成虫重叠发生期，往往出现发蛾高峰。

成虫有趋光性，白天多栖息在核桃叶背面或草丛中，傍晚飞行、交尾，卵多散产。幼虫孵化后，即蛀入果内危害，在青皮内纵横蛀食，果面由绿变黑绿色。内果皮未硬化前，多数可钻入果心食害果仁，造成大量落果。后期内果皮硬化后，幼虫多在中果皮危害，使果实外形凹陷，干缩变黑，故称"核桃黑"。

4～9 月气候干燥、果园地势开阔、排水良好及板结的土壤不利于此虫发生，杂草丛生、地势低洼发生危害较重。成虫羽化时遇多雨潮湿的气候，发生危害严重。

（3）防治措施

清洁田园：秋季或春季结合施肥，深翻树冠下的土壤（15 cm 左右），消灭越冬幼虫。及时摘除被害果，清除脱落果并深埋。

药剂防治：幼虫发生期喷 20％氰戊菊酯乳油 2 000 倍液、20％甲氰菊酯乳油 1 500 倍液。成虫羽化前，可在树冠周围喷 50％辛硫磷乳油 500 倍液。

栗和核桃其他害虫见表 3-11。

表 3-11　栗、核桃其他害虫

害虫种类	危害特点	生活史及习性	防治要点
栗大蚜	以成、若虫群居于新梢、嫩枝、叶片背面刺吸汁液危害,影响新梢生长和栗果的成熟	一年多代,翌年4~5月初孵化无翅雌蚜,群集枝梢危害。5月大量发生有翅雌蚜,迁往叶上并群集于花、枝梢等处危害,秋末产生有性蚜交尾、产卵、越冬	冬春刮树皮或刷除越冬卵;板栗展叶前栗大蚜初发期喷药,选用吡虫啉、抗蚜威等
核桃缀叶螟	幼虫把叶片缀集在一起,使叶片呈筒形,幼虫在其中食害,在夜间取食、活动、转移,白天静伏在被害叶筒内	一年1代,翌年6月中旬越冬幼虫开始化蛹,7月中旬为羽化盛期,成虫产卵于叶面,7月上旬孵化幼虫,7月下旬至8月初为盛期	在幼虫群集缀叶时人工摘缀叶消灭幼虫或喷布吡虫啉等药剂防治

参考文献

[1]沈兆敏,柴寿昌.中国现代柑橘技术.北京:金盾出版社,2008.

[2]陈宗良.杨梅栽培168问.北京:中国农业出版社,2001.

[3]彭成绩,蔡明段.现代柠檬栽培彩色图说.北京:中国农业出版社,2009.

[4]沈兆敏,等.脐橙生产关键技术百问百答.北京:中国农业出版社,2009.

[5]曹尚银.无花果高效栽培与加工利用.北京:中国农业出版社,2002.

[6]郝保春.草莓生产技术大全.北京:中国农业出版社,2000.

[7]李秀根.梨生产关键技术百问百答.北京:中国农业出版社,2005.

[8]张海水.油桃日光温室栽培200问.北京:中国农业出版社,2003.

[9]张文,等.桃树栽培技术问答.北京:中国农业出版社,2008.

[10]张旭东,刘宗华.石榴丰产栽培技术.成都:西南交通大学出版社,2005.

[11]赵小平.柿无公害高产栽培与加工.北京:金盾出版社,2003.

[12]张铁如.怎样提高山楂栽培效益.北京:金盾出版社,2006.

[13]张志华,等.核桃安全优质高效生产配套技术.北京:中国农业出版社,2009.

[14]李亚东.越橘(蓝莓)栽培与加工利用.长春:吉林科学技术出版社,2000.

[15]马之胜,等.葡萄施肥新技术.北京:中国农业出版社,2001.

[16]赵改荣,李四俊．樱桃精细管理十二个月．北京：中国农业出版社,2009.

[17]赵习平．杏优良品种及无公害栽培技术．北京：中国农业出版社,2009.

[18]夏树让,等．优质无公害鲜枣标准化生产技术．北京：科学技术文献出版社,2008.

[19]田寿乐．板栗栽培技术百问百答．北京：中国农业出版社,2009.

[20]费显伟．园艺植物病虫害防治．北京：高等教育出版社,2010.

[21]华南农业大学．植物化学保护．北京：中国农业出版社,1998.

[22]吕佩珂．中国蔬菜原色图谱．北京：农业出版社,1992.

[23]吕佩珂．中国蔬菜原色图谱(续集)．呼和浩特：远方出版社,1996.

[24]吕佩珂,等．中国果树病虫原色图鉴．北京：华夏出版社,1993.

[25]王金生．植物病原细菌学．北京：中国农业出版社,2000.

[26]谢联辉．普通植物病理学．北京：科学出版社,2006.

[27]叶春喜．农药使用技术手册．北京：金盾出版社,2009.

[28]徐应明,等．农药问答精编．北京：化学工业出版社,2007.

[29]北京农业大学．昆虫学通论．北京：中国农业出版社,1999.